安柏帥煮廚房

Toamberli 安柏家裡燉

李安柏 —— 著

sequence

做菜應該是很 chill 的！

第一個讓我見識到做菜有多好玩的，是我阿婆，從小看她用大大的傳統灶台變出一堆好吃的客家菜，就覺得好神奇、好有趣！別人的童年可能都在玩料理家家酒，我是直接玩真的，從阿婆的跟屁蟲慢慢變成廚房助手，一起做白斬雞、年糕、粽子。9 歲的時候第一次自己煮菜，看著一本 59 元的食譜煮了一道宮保雞丁，味道嘛……真的是差強人意，看簡易食譜只知道步驟，卻學不到美味祕訣，但這反而讓我更好奇料理的世界。

自己在家會做的菜就那些，所以每次校內書展我都只看食譜書，想探索更多新菜色；寒暑假丟著作業不寫，熱中於做菜拍照上傳社群網站；大學要選系時，因為想把媒體跟料理結合，選了大眾傳播系，課餘在美式餐酒館打工，第一次真正把親手做的料理送到客人面前。後來想趁年輕用最低的成本去看世界，大學畢業那天直接飛到美國密西根的皇家島國家公園，在餐廳打工度假 3 個月，原本也是做披薩、備料的工作，後來還要負責煮員工的三餐。在那裡可以取得各式豐富香料，偶爾也試著用異國材料做出中式滋味，每天做菜都像在玩創意，就算工作 12 小時也覺得超快樂，衝著這股勁，我決定回臺灣闖蕩餐飲界。

非本科畢業又沒有長期經驗的我，很幸運在新竹遇到我的第一位師傅，手把手教我西式料理的邏輯、手法、組合。我愈學愈感受到自身不足，但又說不清自己想學的是什麼，直到某天在一本雜誌上看到一位主廚的訪談，簡直一拍即合：

「高級的食材做出好吃的料理是應該的，用一般的食材，透過烹調技巧昇華，才是我身為廚師更想追求的。」

後來我鼓起勇氣，寄求職信給那位主廚工作的餐廳，但都沒回音，直到某天我意外在郵件信箱的垃圾郵件裡看到陌生信件，才發現那位主廚邀我去他新開的餐廳工作，當時興奮到覺得賣身都願意，從此正式踏入料理新知領航站，邁入料理的另一個境界。

　　什麼叫另一個境界？不是瞬間變成米其林三星，而是比較像沒精力慘兮兮，每天工作 12 小時起跳，要處理廚房大小雜務，抽空練基本功、努力做出主廚要求的菜，經歷無限次被慘電再重來的循環，曾經覺得好玩的料理，一度讓我變得生無可戀。但也多虧那段時間，透過主廚的訓練、夥伴的交流還有料理原文書的硬知識，我學到很多料理的基本功和精髓，也學到更精準控制食材狀態以獲得不同風味，甚至學習利用臺灣食材，追求滋味的創新與平衡。回首才發現，唯有經歷極度不舒服，才能脫胎換骨。

　　工作了幾年後，開始有空做菜給朋友吃，很多人吃了都很好奇怎麼煮，剛好喚醒我從小的夢想——開廚藝教室，但實體教室容納人數太少，所以我開始拍做菜影片上傳社群平台，也很幸運漸漸被更多人看見。不過自媒體都是短影片，很難細講，所以決定透過這本書分享更多做菜撇步。

　　我這個人比較叛逆，想分享的食譜都很隨興，不一定常見，但相信我，這本書不會太難，因為我覺得做菜應該要很開心，而不是高門檻、耗時又狼狽。我們可以「講究地吃，簡單地做」，只要掌握一些小技巧、知道什麼是好吃的關鍵，簡單的原料也能端出一手好料理。希望大家愉快輕鬆地看這本書，隨意翻翻目錄看想吃什麼，就能立刻動手玩廚藝！

叛逆主廚 AMBER

Table of Contents 目錄

作者序：做菜應該是很chill的！ | 002

影響料理滋味的關鍵 | 010
西餐廚房備料三大基礎 | 016
廚房必備工具 | 022
廚房必備調味料 | 024

CHAPTER 1
在家吃早餐
輕輕鬆鬆，儀式感滿滿

辣根醬雞肉三明治 | 028
黃金厚薯餅 | 030
香草馬鈴薯蛋沙拉麵包 | 032
美墨烤雞開放三明治 | 034
風乾番茄酪梨三明治 | 036
奶油野菇嫩蛋搭麵包 | 040
焦化奶油班尼迪克蛋 | 042
培根楓糖法式吐司 | 046
芒果莎莎雞肉卷餅 | 050
辣優格水波蛋 | 052
北非烤蛋 | 054
鷹嘴豆泥配法國麵包 | 058
美式鬆餅 | 060

CHAPTER 2
午餐
好吃到沒天理

小黃瓜干貝優格沙拉 | 064
鮮蔬薄荷藜麥沙拉 | 066
蒜味柳橙鮮蝦沙拉 | 070
炭烤羅曼配清爽凱薩醬 | 072
義式水煮蛋沙拉 | 074
番茄雞肉筆管麵 | 076
風乾番茄羅勒海鮮義大利麵 | 078
雞肉羽衣甘藍義大利麵 | 080
焦化洋蔥義大利麵 | 082
鮪魚檸檬義大利麵 | 084
培根巴薩米克醋奶油義大利麵 | 086
焦蔥湯雞肉烏龍麵 | 088
明太子奶油雞肉烏龍麵 | 090
酸白菜牛肉烏龍麵 | 092
牛奶絞肉咖哩飯 | 094
豆腐漢堡排蓋飯 | 096
楓糖照燒鮭魚 | 098

CHAPTER 3
晚餐
安柏教你燉出超級美味

紹興酒奶油燉豬 | 102
芥末籽白酒燉雞 | 104
黑啤酒燉豬 | 106
紅酒慢燉牛肋 | 108
酸菜燉豬腳 | 110
BBQ烤豬肋排 | 112
煎鱸魚配酸豆奶醬 | 116
牧羊人派 | 120
烤蒜番茄豬肉湯 | 122
蘑菇馬鈴薯濃湯 | 124
胡蘿蔔地瓜濃湯 | 126
孜然南瓜湯 | 128
義式海鮮燉湯 | 130
牛小排配阿根廷青醬 | 132
匈牙利燉牛肉 | 136

CHAPTER 4
下酒菜
微醺的一百個理由

松阪豬配黑胡椒奶油醬 | 140
烤花椰菜配蜂蜜辣味增 | 142
剝皮辣椒豆乳雞酥餅 | 144
西班牙蒜味蝦 | 146
蒜味奶油烤球芽甘藍 | 148
蘑菇醬配麵包 | 150
酒醋炒蘑菇 | 152
南洋沙爹烤雞肉串 | 154
青醬炒櫛瓜絲 | 158
酥炸雞翅搭青辣椒美乃滋 | 160
蒜味培根馬鈴薯塊 | 162
雞肝醬麵包 | 164
蘇格蘭炸蛋 | 166
海鮮烘蛋 | 168
韓式辣醬娃娃菜 | 170

後記 | 172

Cooking should be so chill

（ 影響料理滋味的關鍵 ）

在你翻食譜準備開工前，我想告訴你，煮菜其實不難，只要選擇相對好的食材就成功一半，剩下的是掌握祕訣，就是那些單純看食譜看不出來，卻非常關鍵的萬用訣竅。

你覺得煮菜要用到那些感官？是品嘗嗎？其實不止，而是運用所有感官，看食材狀態；聽烹調的聲音；聞食材新鮮度以及烹調過程氣味；摸食材軟硬度判斷處理方式，以及，大家熟知的嘗味道。

說到品嘗，人主要能嘗到四種味道：酸、甜、苦、鹹，除此之外還有第五種味道，被稱作鮮味（umami），有趣的是，這些滋味能讓人覺得好吃，通常不是單一元素造成，而是多種元素複合的成果，所以我想聊聊關於影響料理滋味的幾個關鍵要素：鹹、酸、油、熱。

另外很多粉絲常問的，乳化、如何煎牛排、怎麼烤蔬菜⋯⋯等料理技巧，也會在這裡一併說明。

鹹

鹽可說是最重要的料理元素，以前我師傅說過，世上沒有任何一種東西不用加鹽。也許你會覺得這樣說太誇張，想說最「鮮」的食物應該是純原味吧？其實，鹽分的美妙在於提升食物風味，讓它變得「鮮美」，不用加很多，但一定要有。

鹽的型態有好幾十種，有常見的結晶顆粒狀、扁平的猶他鹽、粗粒海鹽，各有風味，我個人盡量不用碘鹽，不希望它的金屬味影響料理的風味；不過，有時料理不一定是直接加鹽，而是使用含有鹽分的調味料，像是味噌、米麴、醬油，都是高鹹度調味料，運用高鹹度的食材像蛤蜊、生火腿也可以，都能賦予料理更豐富的滋味。

鹽的另一個關鍵是加入的時間點，先加後加各有優點！鹽可以幫助食材脫水，先撒在肉類或魚類的表皮靜置一段時間再擦乾，除了能讓外皮更酥脆，也可以減少異味喔（因為內組織的水分都跑出來了），不論是做脆皮豬或是煎鮭魚都可以這樣做。

也因為脫水緣故，食材味道會更濃縮，風味提升！而做成鹽水也會幫助肉類軟化，因為擴散跟滲透的關係，破壞肉的結構，讓它變得軟嫩多汁，於是烹調的容錯率也比較高（肉汁夠多，比較不怕流失）；我也喜歡在鹽水中加一些香料，像在處理豬里肌、雞胸這些易乾柴的肉類時，烹調前一天先用

加了香料的鹽水浸泡,就能讓它變得更柔軟又有風味。

酸

　　酸有四種神奇效果,首先是「平衡」,它能有效平衡鹹、甜、油、膩,比如吃漢堡或熱狗會加黃芥末跟番茄醬、很甜的果醬會加入適當的酸緩和甜膩感、大家去某居家用品店吃肉球薯泥都會加蔓越莓醬,還有一些中東地區的濃郁燉牛肉也會搭配優格。

　　再來,酸可以「提鮮」,好比越南河粉加檸檬汁使整體更鮮美、平衡又豐富（我也超愛加,會一口接一口）；又像是中餐快炒料理會在最後快盛盤時淋上一圈鍋邊醋,都是只用極少量的酸來提鮮,所以酸在料理中可說是很細膩又重要的存在。

　　接著,酸還可以讓食物變得「濃醇」,很多發酵的東西是酸的,比如歐洲的起司、紅酒、啤酒,亞洲的味噌、醃菜、豆瓣醬,自古就是很常用來入菜的食材,像是紅酒燉牛肉、日式味噌煮、起司燉飯甚至是客家的福菜湯,都是讓整道菜香醇的祕密。

　　最後,酸也可以軟化肉質甚至幫助食物熟成,大家都知道的用優格醃肉,在美國南方著名的炸雞,軟嫩的祕訣也是用脫脂牛奶（是帶有酸味的乳製品,由低脂或脫脂奶中加入培養菌,令糖分轉化成乳酸而成）醃製而成。祕魯最著名的菜,ceviche醃生魚料理,將切成小塊的生魚浸泡在檸檬柑橘等酸性果汁中醃漬,檸檬酸讓魚肉的蛋白質變性,出現像煮熟的口感。

　　也許有些人很怕單吃酸的食物,但「酸」本身具有多重加分效果,只要能有效運用它,就能讓料理美味程度更上一層樓。

油

　　現在大家很重視健康飲食,好像變得很怕油,但其實油是很重要的風味來源。在料理時,油類的選擇很重要,像歐洲國家很常用奶油跟初榨橄欖油入菜。

　　油脂也是重要的介質,有時醃製料理需要加很多調味料,適當添一些油脂可讓調料包覆食材使食材更入味；如果烹調過程少了油脂,除了食材表面容易乾,也會影響受熱的效果,透過油脂能讓食材更均勻受熱,同時提升風味,比如櫛瓜直接火烤顯得乾癟,刷油再烤的櫛瓜就變得鮮甜多汁。

如果希望料理口感滑順，更是需要油，比如蛋液加一點奶油能做出更柔軟的烘蛋。法式很多醬料的作法也也常需要加入奶油，用手持攪拌棒打至乳化滑順，義大利菜習慣最後在菜上加一點初榨橄欖油或刨一些起司，除了口感綿順，也能帶出更多風味。

熱

最後是料理必須掌控的關鍵：熱源。原則上可以分成強熱跟弱熱，強熱會產生焦化的表面、酥脆的外表、柔軟的內裡；弱熱則是透過長時間慢熟讓食物變得柔軟多汁。

最直接且常見的熱源是「火」，至於到底要用什麼火候？簡單來說，文火是慢工出細活，適合燉、煮、慢烤；大火像天雷勾動地火，透過高溫重組食物的香氣化合物，運用梅納反應產生焦化，讓食物滋味更上升，比如常溫麵包跟烤麵包，生魚跟烤魚，焦化的食物味道更豐富且複雜，通常也讓人覺得更「香」，所以接下來的食譜會很常提到焦化，不是要整份「操灰搭」（燒焦），而是說食物要確實達到提升香氣的狀態。

乳化的好處

如果常看我的短片，可能會發現我很常講「乳化」！我們知道「油水不相溶」，乳化就是把不相容的液體均勻混合，既能讓醬汁和主體融合，又能為料理增色，光看就很好吃。

乳化在沙拉醬中非常重要，它能夠將油脂和水性成分（如醋、檸檬汁等）混合均勻，通常沙拉醬基底是油，搭配酸味液體（檸檬汁、酒醋之類），再加乳化劑像是蛋黃、蜂蜜或芥末醬更能幫助油和水形成穩定的乳液。混合過程如果是用打蛋器，一定要一點、一點地加入油脂，打起來才會均勻，如果是手持調理棒，就可以一次放進所有原料，也能輕鬆打勻。

乳化在義大利麵中也很重要，炒製的過程中，都是逐步增加麵水的，這樣可以更好地控制醬汁的濃稠度，加入所有配料、調料拌炒完成後，最後只要加入高脂肪物質像是奶油、起司或初榨橄欖油，再快速攪拌，攪拌過程可以幫助醬汁與麵條更好地融合，形成穩定的乳化效果。這樣一來醬汁會均勻地包裹在麵條上，提升整道菜的口感和風味，而且讓人每一口都感受到醬汁的濃郁和麵條的彈性。

如何煎牛排

　　大家應該很常煎牛排，但可能覺得很難完美掌握熟度，其實牛排要煎得好吃並不難，關鍵是「靜置」，通常煎多久就靜置多久，慢慢由外向內導熱，就能保有柔嫩口感跟肉汁。

　　掌握靜置的原則，煎牛排只要三步驟就好：

第一步：高溫熱鍋再放油，高溫是為了梅納反應，不夠熱就沒那反應，所以要有肉香，一定要夠熱。

第二步：每一面都煎1～2分鐘，再離鍋靜置約5分鐘。如果肉比較厚，就重複多次煎＋靜置的步驟，每次靜置也多放一段時間。

第三步：最後一次下鍋煎時，可加入香料增添風味，或加奶油讓它上色，再靜置一下就完成了。如果想吃到熱騰騰的牛排，可以最後再兩面快速煎一下，立刻起鍋。

如何烤蔬菜

　　好吃的烤蔬菜既有脆度又帶點焦糖化的香氣，作法可能跟你想的不太一樣，不是全生的狀態烤到熟，這樣容易變乾失去保水度。

　　好吃的作法是先用鹽水汆燙，去除蔬菜苦味，為了避免蔬菜太軟，大概燙個30秒到一分鐘就可以，也可以用燜熟的方式。接著再放進烤箱，透過高溫讓表面焦糖化，帶出鮮甜。

如何製作美味炸物

　　首先，食材表面水分一定要擦乾，而沾過麵粉也更容易黏著後續的蛋液及麵包粉，才不會在炸的過程中金蟬脫殼。

　　而美味炸物重要的關鍵是：一定要用兩段油溫，且一次不能放太多食材。

　　一開始先用攝氏170度炸熟，再拉高油溫到約攝氏200度炸到上色即可。如果家裡沒有溫度計，可以放筷子或一點麵糊進油鍋，冒泡代表水蒸氣被蒸發，從冒泡的速度能大概判斷油溫，攝氏170度大約是微微冒泡的程度，如果一放下去就狂冒泡，代表油溫很高。

　　因為食材都是冷的，一下鍋油溫就會下降，若是放太多，導致油溫下降太快，就無法炸出酥脆感，只會變成黏糊糊的一團。

如何讓綠色蔬菜鮮美

一般拿來做沙拉或配菜的綠色蔬菜常常被嫌不好吃，其實不是它不好吃，而是方式不對。

讓綠色蔬菜吃起來鮮甜的祕訣是，用鹽水汆燙，除了能調味，也能加速軟化，就不會變黃。汆燙完再立刻放入冰水冰鎮，阻止熱度讓它變黃，任何希望保持翠綠的蔬菜（青花菜、蘆筍、荷蘭豆等）都適用。

如何燉煮料理

其實燉煮料理的步驟很簡單：炒香食材讓它上色、加入液體、蓋上鍋蓋，加熱等待，完成。

燉物美味關鍵一：高湯

燉煮的液體建議加高湯，用市售的也無妨，建議不要用純水，在鮮度上真的會差很多喔！

燉物美味關鍵二：均勻受熱

爐上加熱的熱度傳導較不均勻，畢竟只從下方加熱，容易流失水分，如果能連鍋放進烤箱均勻受熱是最好的。但如果只能在爐上慢燉，一定要用中小火並拉長時間。

燉物美味關鍵三：密封性

推薦用鑄鐵鍋燉煮，它有良好的密封性有更好的對流效果，受熱會更均勻，能減少水分蒸發，高湯液體量只需稍微蓋過食材即可，這樣一來就能釋放更多食材風味。

雖然上面講了這麼多，但別緊張，這是本輕鬆愉快的料理書，只是想告訴你，食譜的比例跟步驟僅供參考，了解料理的邏輯原理，你也可以輕鬆端出美味料理！

西餐廚房備料三大基礎

　　其實我是一個很不介意雞湯跟美乃滋買市售的人,畢竟在家料理方便最重要!但身為一個廚師,還是有義務教這些基礎備料,不然怕大家覺得我太廢(笑鼠)!

　　當然如果你愛用史雲生清雞湯跟Q比美乃滋也是完全問題!我也愛用,保存也方便!

西式雞湯

與中式雞湯最大的不同就在於雞胸骨不用先汆燙,
而是只要把雞胸骨確實洗乾淨並從冷水開始煮沸,
這樣蛋白質雜質才能凝結完全,
煮滾後的浮沫也會比較好撈。

▎材料

1. 雞胸骨…4支
2. 蒜頭…3顆
3. 洋蔥…1顆
4. 紅蘿蔔…半顆
5. 西洋芹…2根
6. 白胡椒原粒…2顆
7. 百里香…4支
8. 月桂葉…2片
9. 水…1500g

▎作法

1. 將雞骨血塊去除,洗淨後放入大鍋中。
2. 加入材料2～9,並從冷水開始煮至水滾。
3. 水大滾後用濾網或是湯匙撈掉浮沫雜質,並轉小火。
4. 小火持續煮2～2.5小時,直到雞肉的鮮味完全釋放到湯裡。
5. 取一個大濾網,過濾食材。
6. 就可以得到完美的雞湯啦!

美乃滋

這應該是西餐第一堂課，
透過美乃滋學習乳化這件事，
自己做的味道更純粹，
喜歡蒜味的人可以加入幾顆烤過或炸過的蒜頭一起打，會更香喔！
每次製做的美乃滋保存期限大約是 2～3 個星期。

材料

1. 全蛋⋯1 顆
2. 蛋黃⋯1 顆
3. 第戎芥末⋯1 茶匙
4. 白酒醋⋯1 小匙
5. 檸檬汁⋯1 小匙
6. 鹽⋯1 茶匙
7. 糖⋯1 茶匙
8. 水⋯1 湯匙
9. 芥花油⋯300g

作法

1. 取一個手持調理棒或調理機，將材料 1～8 放入容器內。
2. 將材料打至均勻的同時，慢慢加入芥花油，邊加邊攪打直到全部加完，且乳化完全即可，油下得太快會容易油水分離，打起來很稀，無法呈現濃稠的質地。

鹽水

如同前面所說，
鹽水真的會帶來極大便利性以及實用性，
以一般肉類來說我都會使用 2% 的鹹度泡一個晚上，
當然也能調整鹹度，如果趕時間的話，
魚肉類也可以浸泡喔，只是鹹度會拉到 5%（為了需快速入味），
但只能泡 10～15 分鐘，如果再久鮮度就會流失了，
而且魚肉組織細，泡太久會太鹹！

▋材料

1. 水⋯500g
2. 鹽⋯10g
3. 糖⋯5g
4. 蒜頭⋯2顆
5. 白或黑胡椒原粒⋯少許
6. 百里香（也可以用乾香料替代）⋯適量

▋作法

1. 將所有食材放入鍋中，煮滾。
2. 煮滾後放涼即可。

廚房必備工具

所謂「工欲善其事，必先利其器」。除了必備一把好刀，少了以下這些廚具我就會做不了菜、吃不了飯、睡不著覺（太誇張）！精選出6個我認為不可或缺，並能有效提升在廚房效率值的工具！

手持調理棒

手持電動攪拌棒體積小巧、重量輕、拆解也容易，方便做濃湯、醬汁，能輕鬆把食材融合，讓口感變得滑順，做抹醬也很方便，甚至要做雪酪都可以！是西餐廚房中非常必要的工具之一。

電子秤

雖然我做菜講求隨興，但有些複雜的菜還是需要精準控制食材或調味料份量，如果能買到小數點後一位的更精準，也不用再準備量杯或量匙。如果你是初學者，有它也會讓你更好把握份量、增加料理信心。

矽膠家族

我的愛用品有矽膠刮刀、矽膠夾、矽膠鍋鏟等等。有些人聽到矽膠會擔心，但矽膠不等於塑膠，矽膠耐熱達到攝氏230度，很多醫材也使用矽膠，安全有保障。

矽膠材質能有效施力又能避免刮傷心愛的鍋具。而且矽膠不易軟化、變形、卡垢，無毒無味。特別是矽膠刮刀在烹調時，可以把鍋中的醬汁或容易沾黏的食材刮得更乾淨！

刨刀

刨刀有短有長，我推薦長條刨刀，想要拉長刨絲、或是磨泥都可以，在料理過程想增添些許風味時，比如刨點起司絲、磨點橙皮點綴，都非常必要又好用。

鑄鐵鍋

一般人常覺得鑄鐵鍋笨重、難保養，但其實鑄鐵鍋用途多樣，可以煎、煮、炒、炸、燉；導熱好、厚底不易燒焦、優秀的密封性能有效避免水分流失又鎖住風味、料理時間短。同樣的料理用鑄鐵鍋煮的風味就是更好，絕對值得投資。

平底不沾鍋（附帶鍋蓋）

　　還是必須誠實的說，在家料理不沾鍋真的太方便了，而且真的是很多料理小白的救星！如果你不擅於各種鍋具的話，不沾鍋確實一鍋就能輕鬆迎戰各種料理！

　　關於不沾鍋網路有很多傳聞，但食藥署已證實不沾鍋塗層材質使用的「鐵氟龍」（Teflon），在正確的使用下，通常是一種相當安定的物質，不長時間空燒，不要用粗面海棉刷洗是可以用很久的，再說它就是個耗材，用2～3年更換都是划算的！在挑選上我會建議找導熱快且均勻的，所以重量上盡量不要選太輕的！

廚房必備調味料

初榨橄欖油

　　油脂的風味能幫助料理提升香氣，以中式料理來說，用豬油炒菜跟用沙拉油的滋味就是不同。

　　初榨橄欖油最常被忽視的是它馥郁的果香味，不論是義大利麵、沙拉、肉類料理，最後淋幾滴好的初榨橄欖油都能增添風味。

巴薩米克醋＆白酒醋

　　就像P.10「影響料理滋味的關鍵」篇章裡所講的，酸能平衡風味，瞬間勾住味蕾。我家必備各式各樣的醋，最愛的就是義大利巴薩米克醋跟白酒醋，豐富的滋味用來拌沙拉、做淋醬、炒義大利麵、醃漬都很好用。

是拉差公雞辣椒醬

　　這是我私心推薦的調味品，也是減肥聖品。哈哈哈，因為它熱量超低！

　　辣能刺激味蕾，也是料理重要元素！除了可以直接加在食物上外，如果想隨手醃出美式風味的肉，試試加個兩匙是拉差辣椒醬吧！

酸豆

　　這絕對是我嚴選的No.1醃漬物。同時它富含麩氨酸，也就是我們感受到的鮮味（Umami），只需一點，就能讓整道菜更添鮮美鹹香感。不論是炸來當配料、或是當義大利麵的炒料又或是做成醬料，都能瞬間讓食物滋味Level up up up！

煙燻紅椒粉

　　它的辣味、濃烈迷人的煙燻味，能讓料理有明顯突出的香氣，用來做醃料、燉飯、燉肉或地中海的海鮮料理都很好用。推薦買西班牙的煙燻紅椒粉La Chinata，香氣很突出！

Q比美乃滋

　　市售來說它絕對是愛牌！日本第一個美乃滋的牌子，除了低甜度外，Q比美乃滋使用了比國外美乃滋還要多兩倍的蛋黃製作！不論是做沾醬或是淋醬都非常好用呢！食譜材料提到的美奶滋，都可以用Q比。

Full sense of ceremony

breakfast

CHAPTER 1

在家吃早餐

輕輕鬆鬆，儀式感滿滿

辣根醬雞肉三明治

辣根醬是我相見恨晚的醬料，
香氣濃郁辛辣又刺激，
微微酸甜又能勾起我的味蕾，
搭配香料味較重的肉類料理非常適合，
為了讓大家輕鬆搭配它，所以我用最簡單的香料雞胸肉呈現！

▌材料

1 洋蔥…200g
2 辣根醬…45g
3 優格…10g
4 鮮奶油…10g
5 雞湯…20g
6 鹽…5g
7 糖…10g
8 墨西哥香料粉…3g
9 黑胡椒…3g
10 雞胸肉…半副
11 酸種麵包…1片
12 巴薩米克醋膏…些許
13 芝麻葉…5g

▌作法

1 準備雞肉
  ○ 雞胸半副再剖半，先用一半的優格醃製，並加墨西哥香料粉及少許的鹽、黑胡椒、糖調味。
2 製作辣根醬
  ○ 將洋蔥切成丁。
  ○ 在平底鍋中加熱少許油，將洋蔥炒至透明不用太上色（避免顏色過黃）。
  ○ 接著加入辣根醬、優格、鮮奶油、雞湯煮至濃稠。
3 煎雞胸肉
  ○ 擦去多餘的醃料，避免容易焦化。
  ○ 熱鍋加油放入雞胸肉兩面各煎1分鐘，這步驟不要動它喔！要上色！
  ○ 接著加入兩大匙的水，蓋鍋蓋，燜熟。
4 製作三明治
  ○ 將酸種麵包用烤箱烤至酥脆。
  ○ 在麵包上均勻地塗上一層煮好的辣根醬。
  ○ 將雞胸肉切片放在塗好醬的麵包片上。
  ○ 淋上一點巴薩米克醋膏。
  ○ 放上芝麻葉，完成！

黃金厚薯餅

馬鈴薯餅就要厚厚吃,好滿足!
做起來密封放冰箱保存一個禮拜也沒問題,
想吃就炸來吃!單吃或是搭配優格一起吃都很讚喔!

▍材料

1. 粉質馬鈴薯…375g
2. 低筋麵粉…15g
3. 融化奶油…20g
4. 洋蔥粉…些許
5. 香蒜粉…些許
6. 鹽…5g
7. 白胡椒…些許
8. 油(用於煎炸)
9. 蝦夷蔥…些許(可省略)

▍作法

1. 將馬鈴薯去皮並切成小塊。
2. 把馬鈴薯放入鍋中,從冷水開始煮,煮至馬鈴薯變軟。
3. 煮透後,將馬鈴薯瀝乾並放入大碗中,用馬鈴薯壓泥器或叉子將其壓成泥。
4. 在馬鈴薯泥中加入融化奶油、低筋麵粉、洋蔥粉、香蒜粉、鹽、白胡椒。
5. 趁熱攪拌均勻,直到所有材料完全混合。
6. 拿一個直徑約7公分的圓型切模具,將馬鈴薯泥放入模具中,壓緊實,放入冷凍庫定型。
7. 當然,你也可以用雙手塑造出各種形狀,沒事的。
8. 在深鍋中加熱足夠的油,油量要足以覆蓋馬鈴薯餅的一半。
9. 當油加熱到約攝氏180度時,將冷凍馬鈴薯餅小心地放入油中煎炸。
10. 大約炸5分鐘後取出。
11. 再拉高溫度放入馬鈴薯餅到金黃酥脆為止,過程中記得將薯餅翻面,確保兩面都煎炸得均勻,炸到有點金黃色就可以取出!因為在瀝油同時內部還在持續升溫,這樣顏色才會漂亮。
12. 將煎炸好的馬鈴薯餅取出,放在鋪有紙巾的盤子上,吸去多餘的油,撒上蝦夷蔥完成!

香草馬鈴薯蛋沙拉麵包

我愛好的馬鈴薯蛋沙拉,美乃滋要帶點檸檬味,
這樣才不會膩還能一直勾住味蕾,
馬鈴薯要有塊狀跟泥狀兩種口感,
大量的香草增加整體的清新感。

▍材料

1. 美乃滋⋯200g
2. 粉質馬鈴薯⋯2顆
3. 水煮蛋⋯3個
4. 檸檬汁⋯10g
5. 檸檬皮⋯些許
6. 蒔蘿⋯10g
7. 鹽⋯9g
8. 糖⋯11g
9. 大亨堡麵包⋯1個

▍作法

1. 準備馬鈴薯丁和馬鈴薯泥
   - 將兩顆馬鈴薯不用去皮,加入冷水中煮,其中一塊煮約15～20分鐘,用筷子穿過去,有透不用很軟就可以撈起,去皮切丁。(因為希望馬鈴薯丁帶有口感,所以不能煮太軟爛!)
   - 另一顆馬鈴薯就沒關係!就給它煮熟!並壓成馬鈴薯泥。
2. 準備水煮蛋
   - 將蛋放入冷水中煮沸,煮約10分鐘直至蛋熟。
   - 將煮熟的蛋放入冷水中冷卻,剝殼後切成小塊。
3. 混合蛋沙拉
   - 在一個大碗中,將馬鈴薯丁、馬鈴薯泥和切好的水煮蛋混合。
   - 加入美乃滋,檸檬汁,檸檬皮,蒔蘿,鹽和糖,攪拌均勻,確保所有材料均勻分布。
4. 組裝麵包
   - 將大亨堡麵包稍微烤過加熱,放入滿滿的蛋沙拉,接著你只需要大口大口的咬下這巨美味的食物!

美墨烤雞開放三明治

是拉差是我萬用的醃料之一,加了它很多食物都瞬間變美味!
牛奶中的酪蛋白和乳清蛋白可以滲透到肉的表面,
幫助分解肉中的蛋白質,從而使肉質變得更加柔嫩,
用優格也是可以的!乳酸可以幫助分解肉中的結締組織,
使肉質更嫩。

▌材料

1. 去骨雞腿⋯1片
2. 是拉差辣醬⋯15g
3. 鹽⋯5g
4. 糖⋯2g
5. 迷迭香⋯1根
6. 黑胡椒⋯2g
7. 紅椒粉⋯2g
8. 洋蔥粉⋯2g
9. 孜然粉⋯1茶匙(一點點提味而已)
10. 蒜粉⋯2g
11. 牛奶⋯10g
12. 檸檬汁⋯5g
13. 酸種麵包⋯1片
14. 綜合生菜⋯少許
15. 小番茄⋯1顆
16. 帕達諾起司⋯少許(可省略)

▌作法

1. 在一個大碗中混合是拉差辣醬、鹽、糖、迷迭香、黑胡椒、紅椒粉、洋蔥粉、蒜粉、孜然粉、牛奶和檸檬汁。攪拌均勻,形成醃料。
2. 將去骨雞腿放入醃料中,確保雞肉都均勻地裹上醃料。
3. 蓋上保鮮膜,放入冰箱醃至少1小時,最好過夜會更入味。
4. 將烤箱預熱至攝氏180度。
5. 在烤盤上鋪上鋁箔或烘焙紙,將醃好的雞腿皮朝上平放在烤盤上。
6. 將雞肉放入預熱好的烤箱中,烤約10～12分鐘,表面上色即可。
7. 取出雞肉,稍微冷卻後切成大塊狀。
8. 將酸種麵包切片,稍微烤一下讓麵包更酥脆。
9. 在酸種麵包上放上生菜,大塊的雞腿肉,切片的小番茄,刨上起司完成!

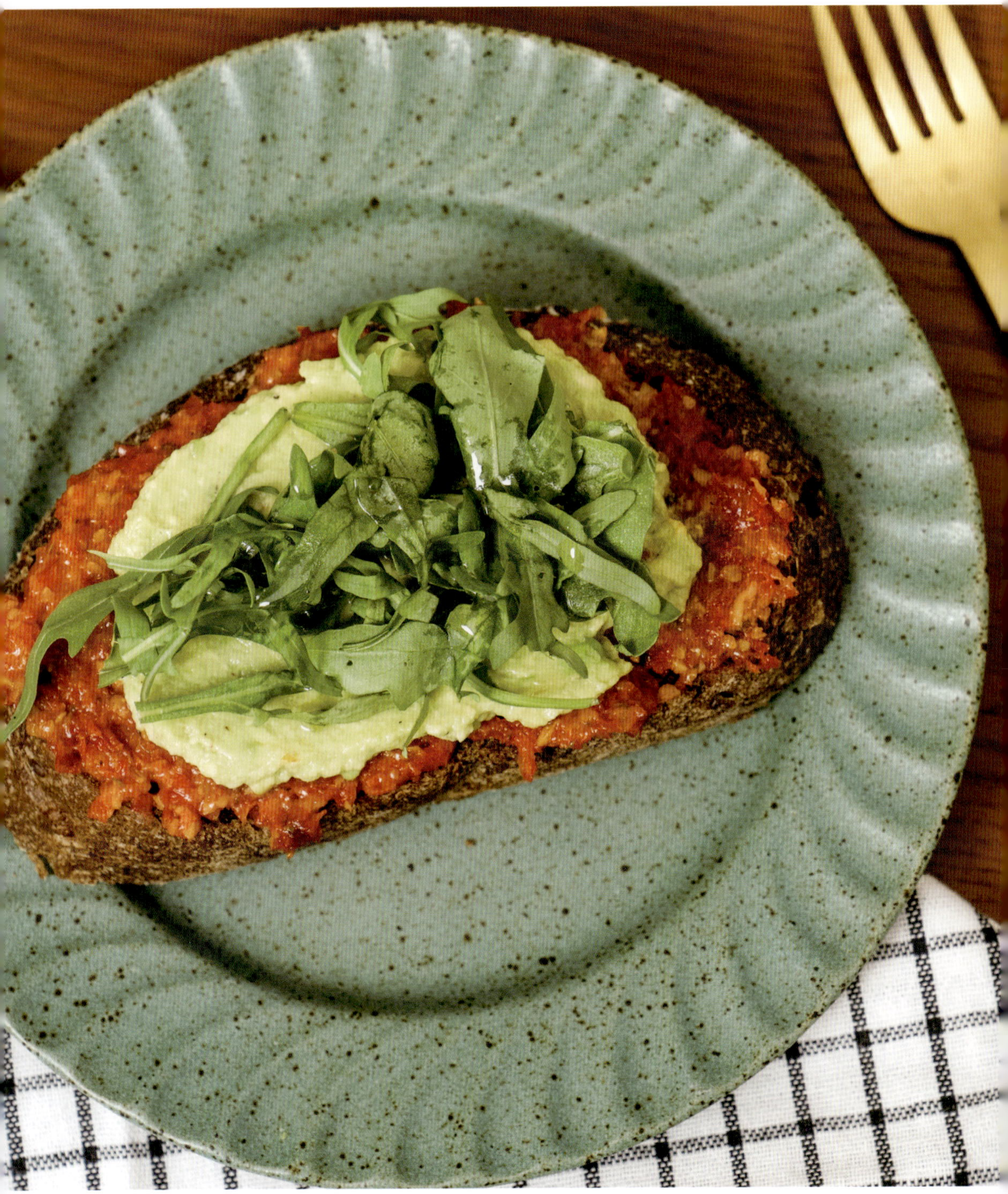

風乾番茄酪梨三明治

風乾過的番茄甜度跟風味都會提升，
不論是炒義大利麵，
或是打成泥抹在麵包上都非常好用！

材料

1. 小番茄⋯200g
2. 義式香料⋯1小匙
3. 鹽⋯5g
4. 糖⋯3g
5. 蒜頭⋯4顆（拍過）
6. 初榨橄欖油⋯40g
7. 黑胡椒⋯1小匙
8. 檸檬汁⋯1大匙
9. 酪梨⋯1顆
10. 鹽⋯1小匙
11. 辣椒粉⋯1/2小匙
12. 酸種麵包⋯1片
13. 生飲水⋯20g
14. 芝麻葉⋯適量

作法

1. 小番茄橫向對切。
2. 在一個大碗中加入材料2～5及20g初榨橄欖油，放入小番茄攪拌均勻後平鋪在烤盤中。
3. 烤箱以攝氏120度先預熱。放入小番茄，烤40分鐘（每個人家裡烤箱功率可能有差，可以視狀況調整時間）。
4. 將烤過的小番茄、蒜頭及香料，加入20g的初榨橄欖油及水，用手持調理打至滑順。
5. 將酪梨搗成泥，加入材料7～11拌勻即可。
6. 將酸種麵包切片，稍微烤一下讓麵包更酥脆。
7. 將烤過的酸種麵包抹上一層風乾番茄醬，再抹上一層酪梨醬，最後撒上芝麻葉就完成這道美味的早餐。

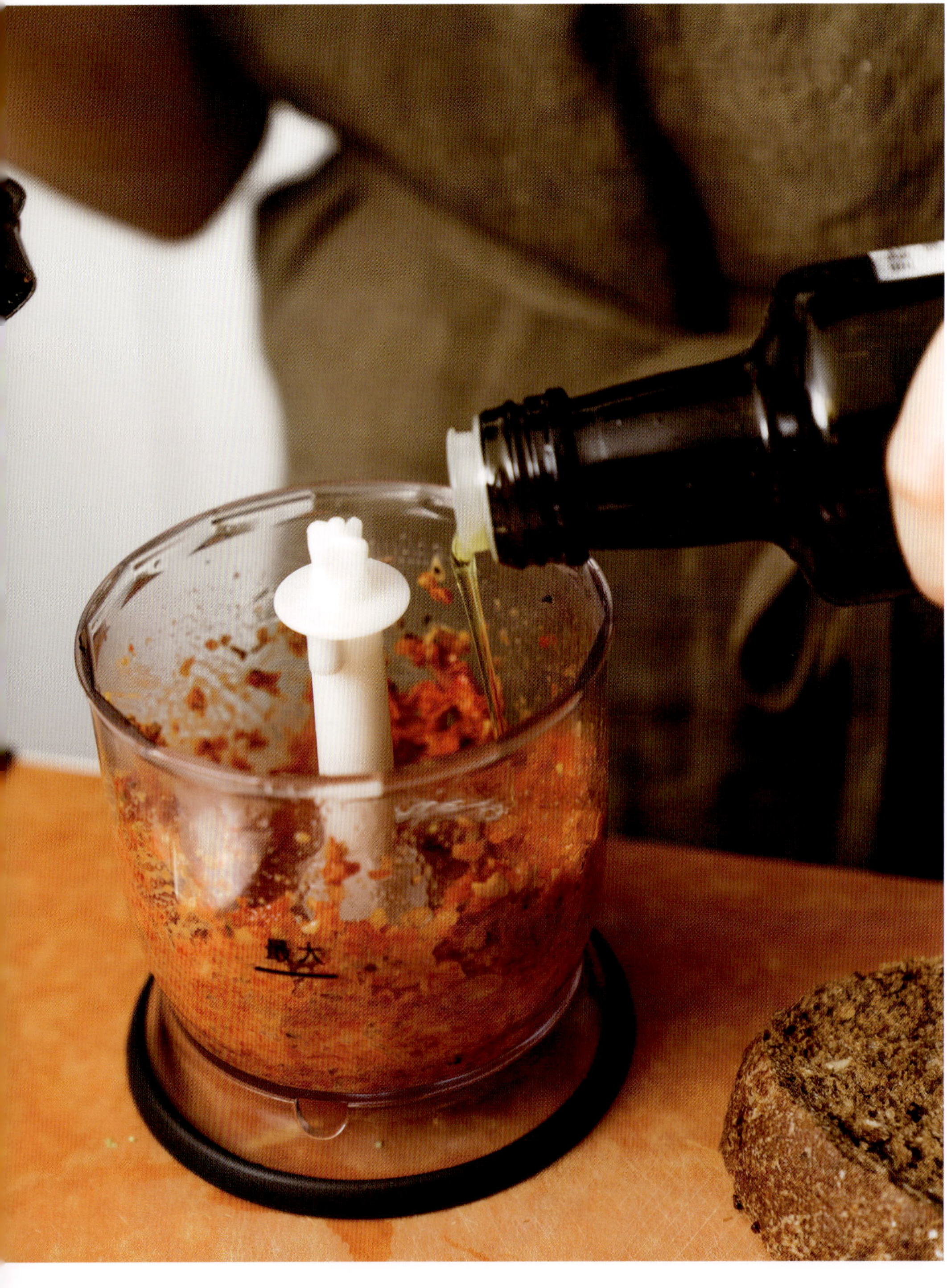
最大

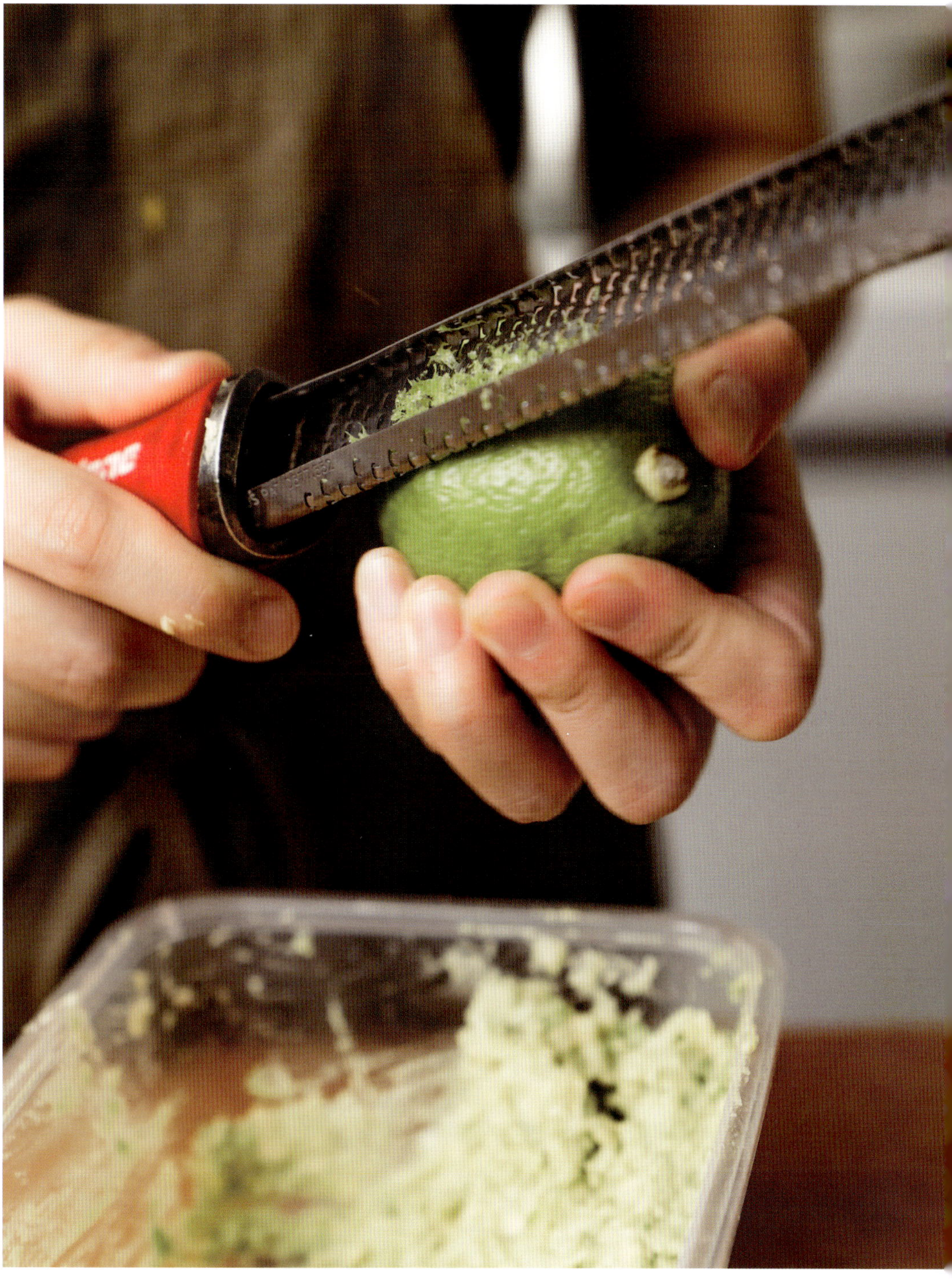

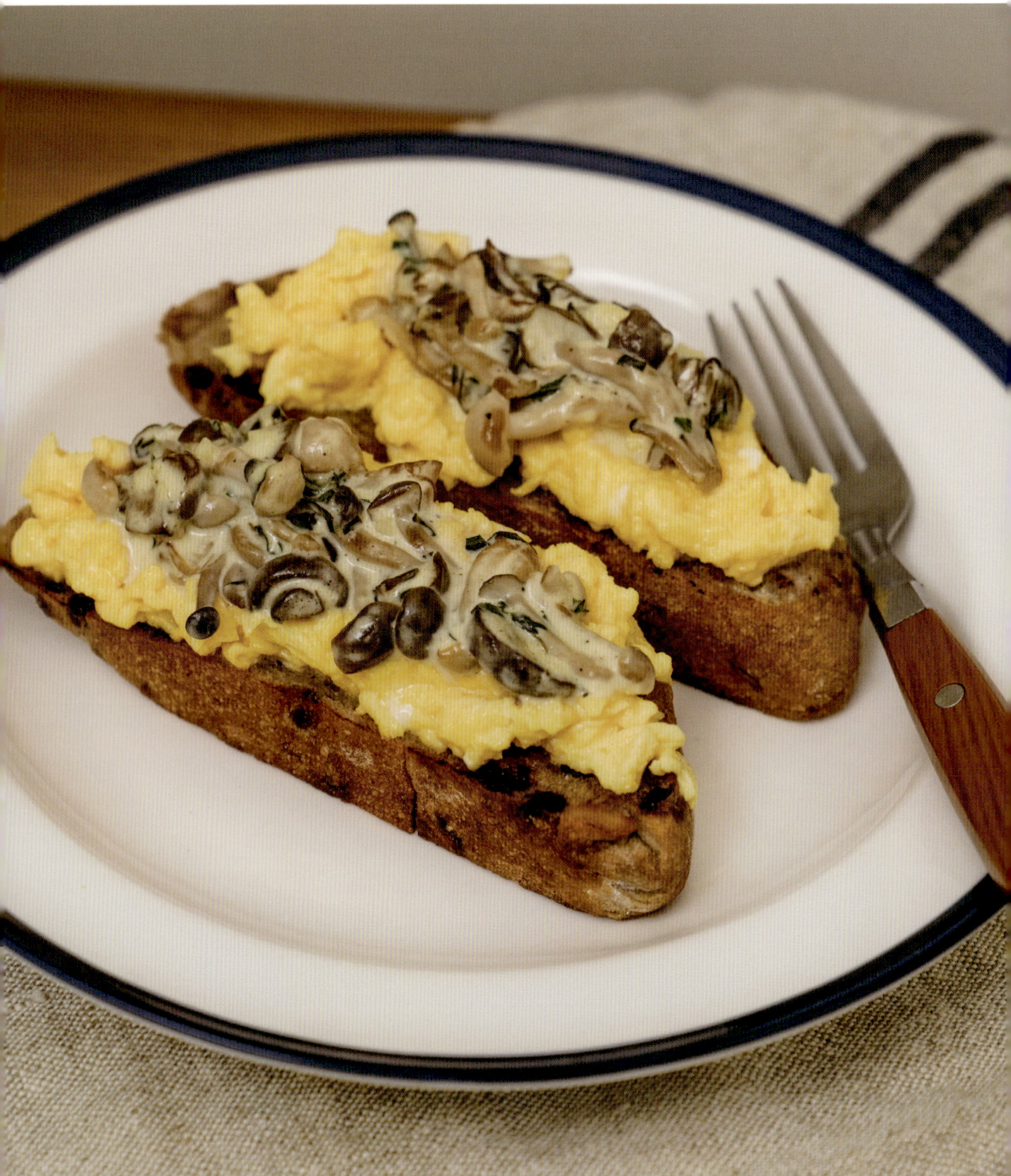

奶油野菇嫩蛋搭麵包

幾乎沒有人抗拒得了這道料理！
九層塔跟蒜泥的組合，
讓奶油野菇充滿香氣又夠味，
去露營一定要準備一次嚇嚇大家！

▌材料

1. 鴻禧菇…60g
2. 蘑菇…60g
3. 雞蛋…4個
4. 鮮奶油…40g
5. 奶油…15g
6. 鹽…些許
7. 蒜泥…1瓣
8. 九層塔…3片
9. 鬆軟類型的麵包…2片

▌作法

1. 在一個大碗中打入4個雞蛋，加入20g鮮奶油，將其打散。
2. 熱鍋冷油將菇類先炒上色，過程可以撒點鹽幫助出水，上色速度也會更快。
3. 炒香後加入鮮奶油、蒜泥。
4. 起鍋前再加入九層塔（太早下鍋風味會減低）。
5. 冷鍋加入奶油同時加入蛋液（這樣炒蛋會更綿密）。
6. 開中火用刮刀快速攪動，加快凝固，就可以關火了！起鍋再加鹽，這樣才不易出水。
7. 將麵包，抹上奶油煎至外表呈金黃色！
8. 麵包放上嫩蛋，淋上作法4完成的菇菇奶醬就完成了，請享用。

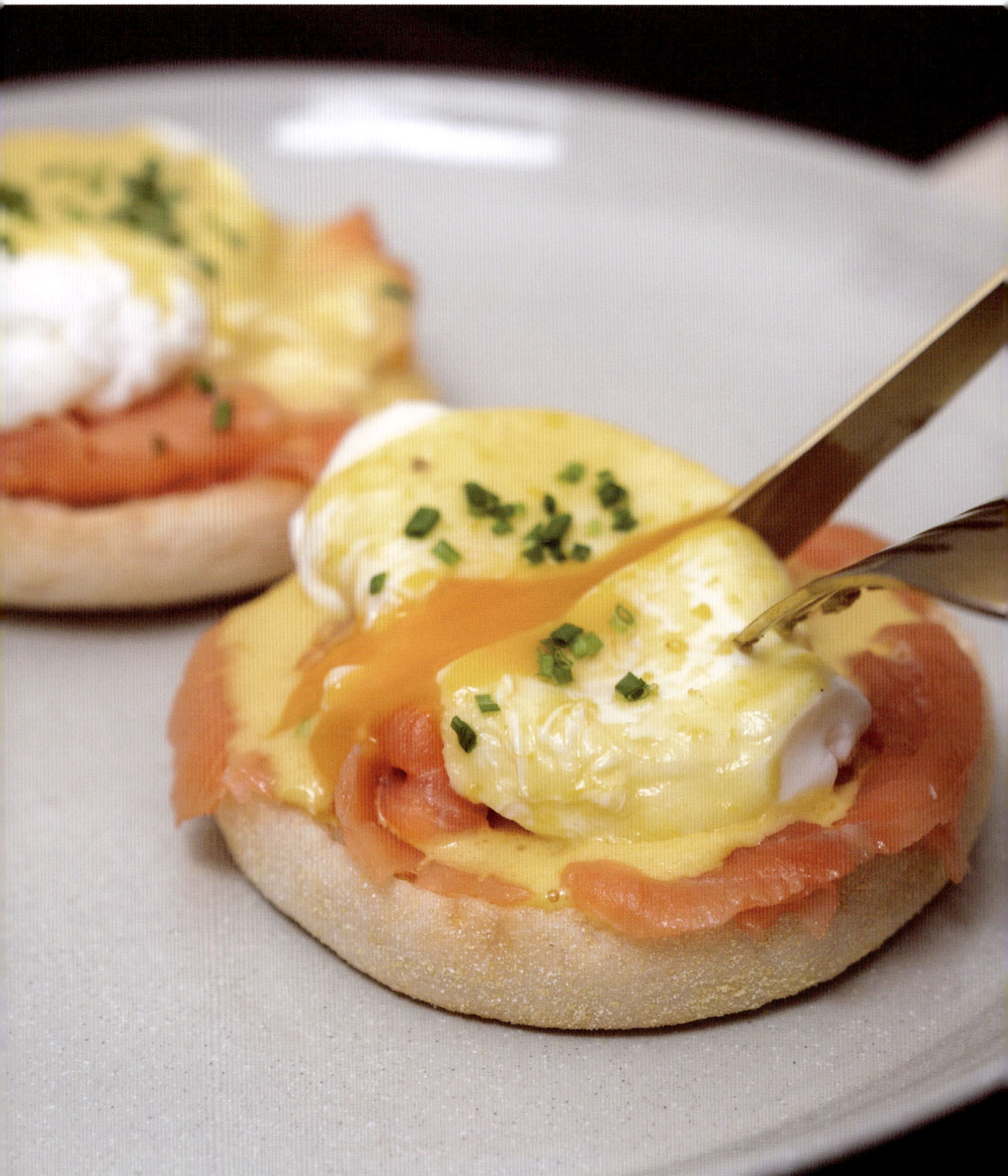

焦化奶油班尼迪克蛋

焦化奶油具有獨特的堅果及焦糖香氣！
除了保留奶油本身的濃郁奶香，
焦化後香氣更加複雜和深邃，增添了層次感，
製作荷蘭醬時要小心溫度，
避免過高導致蛋黃變稠或結塊，也可以使用手持調理機輔助！

▍材料

1. 瑪芬堡（英式瑪芬）…2個
2. 奶油…150g
3. 蛋黃…1個
4. 水…些許
5. 檸檬汁…1大匙
6. 燻鮭魚…2片
7. 雞蛋…2顆
8. 蝦夷蔥（或細香蔥）…些許
9. 鹽…些許

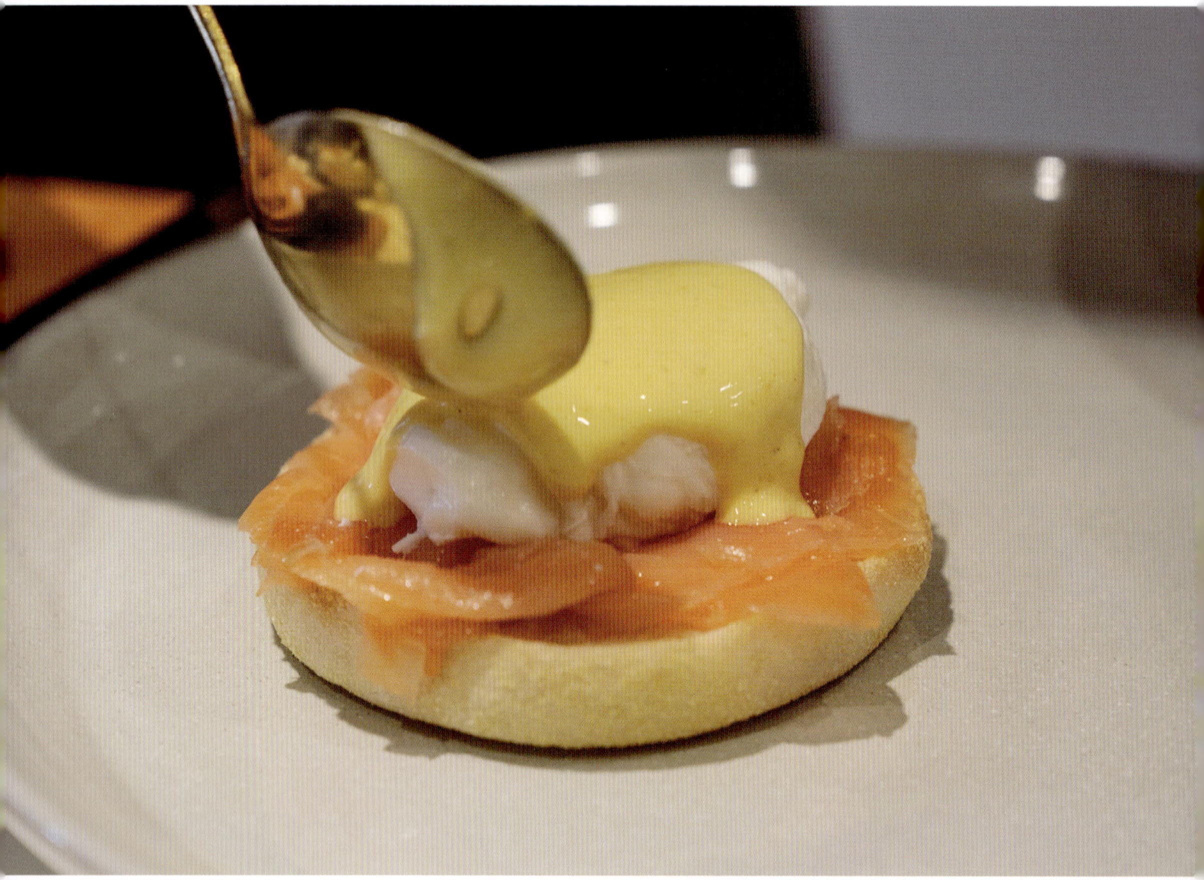
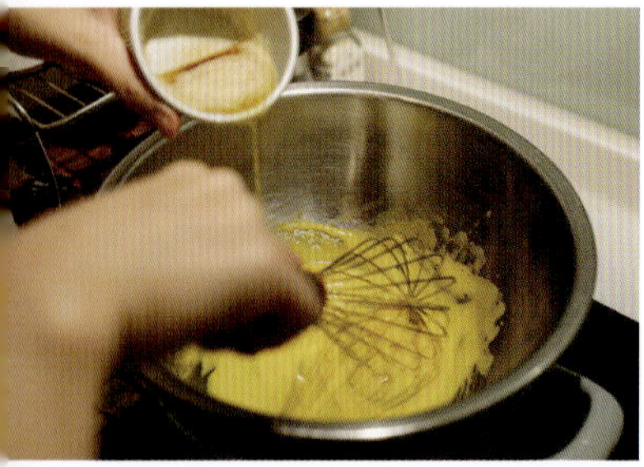
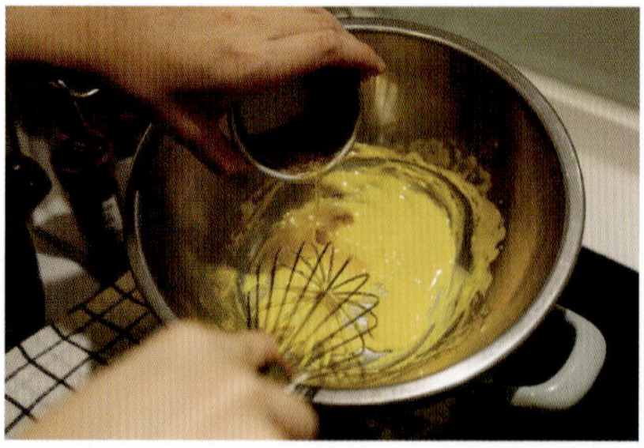
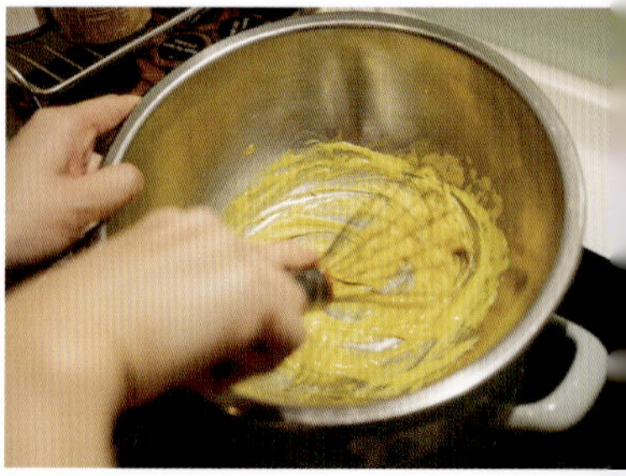

作法

1 準備荷蘭醬

- 將奶油放入小鍋中，奶油開始融化時會冒泡並變成液體，然後會逐漸變為金黃色。此時可以聞到奶油變得更香，當奶油顏色從金黃色轉為深褐色時，即可關火，取個篩網過濾雜質，冷卻備用，這樣就是焦化奶油啦！
- 在一個耐熱的碗中，加入蛋黃和1小匙的水及檸檬汁，用打蛋器或叉子輕輕攪拌。
- 在一個小鍋中加入一些水，煮沸後將火調至低，保持水微沸。
- 將裝有蛋黃的碗放在鍋上，隔水加熱。
- 慢慢倒入焦化奶油，不斷攪拌，使奶油與蛋黃混合至滑順。要確保奶油不是太熱，以免使蛋黃變稠結塊。
- 如果荷蘭醬太濃稠，可以加少量溫水來調整稠度。
- 最後加入些許鹽調味。

2 水波蛋

- 在一個深鍋中加水，煮沸後加入些許鹽和一點點醋（這有助於蛋白凝固）。
- 將水攪拌形成漩渦，然後小心地將雞蛋一個一個地打入一個小碗中（容器愈小愈好），再倒入旋轉的水中。
- 水波蛋約煮2分鐘，這過程其實不太需要動，靜靜地待它成形。
- 用漏勺小心地取出水煮蛋，放在紙巾上吸乾水分。

3 烤瑪芬堡

- 將瑪芬堡橫切成兩半，然後在烤箱中以攝氏180度烤2分鐘至微微酥脆。

4 組裝

- 將烤好的瑪芬堡擺放在盤子上。
- 在每半片瑪芬堡上放一片燻鮭魚。
- 在燻鮭魚上放一顆水煮蛋。
- 將製作好的荷蘭醬澆在水煮蛋上，讓醬汁均勻覆蓋。
- 最後撒些許蝦夷蔥。

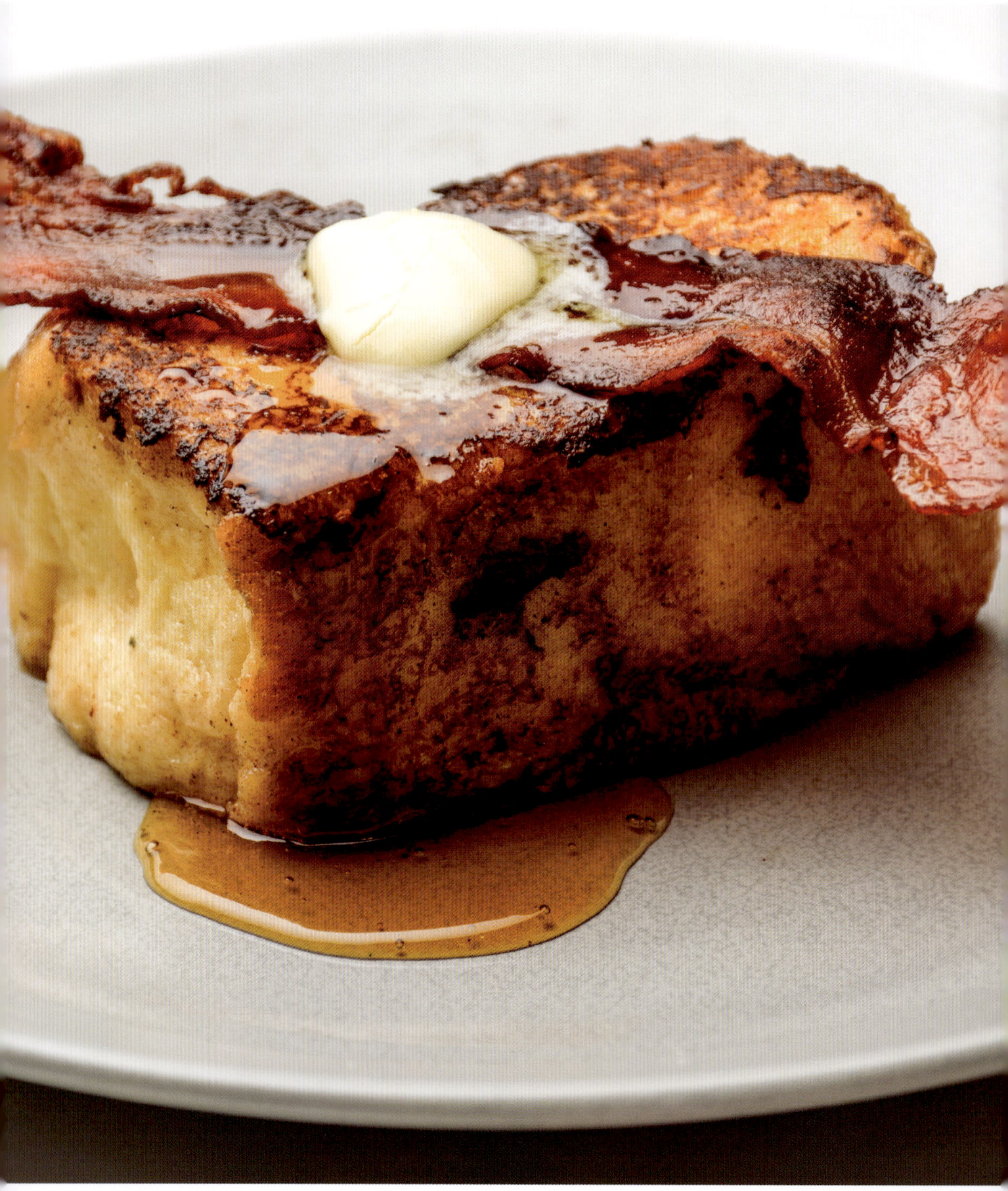

培根楓糖法式吐司

布里歐吐司是一種奶油和雞蛋含量較高的麵包，
非常適合拿來做法式吐司，又香又軟。
培根的鹹味和酥脆感能夠平衡甜味，
增加口感！也可以用偷吃步先把麵包微波10秒，
再泡入蛋液就會非常快吸收！

▋材料

1. 培根⋯1片
2. 鮮奶油⋯145g
3. 蛋黃⋯1顆
4. 牛奶⋯30g
5. 糖⋯15g
6. 楓糖⋯些許
7. 鹽⋯2g
8. 布里歐吐司⋯1片

▋作法

1. 製作蛋液
   - 在一個大碗中，加入材料2～7，用打蛋器攪拌均勻。
2. 浸泡布里歐。
   - 將布里歐切片後微波10秒鐘，放入蛋液混合物中，讓每一片都充分浸泡，確保吐司吸收足夠的液體。
   - 在蛋液中浸泡大約2～3分鐘，讓其充分吸收液體。若沒有先微波，至少要浸泡30分鐘。
3. 製作法式吐司
   - 熱鍋放入一小塊奶油，再放入浸泡過的布里歐。
   - 煎至兩面金黃色。
   - 烤箱預熱至攝氏180度，放入煎好的布里歐烤約10分鐘，直到表面變得金黃色，表面略微酥脆。
4. 組裝
   - 培根煎脆後放置法式吐司上。
   - 最後淋上楓糖。

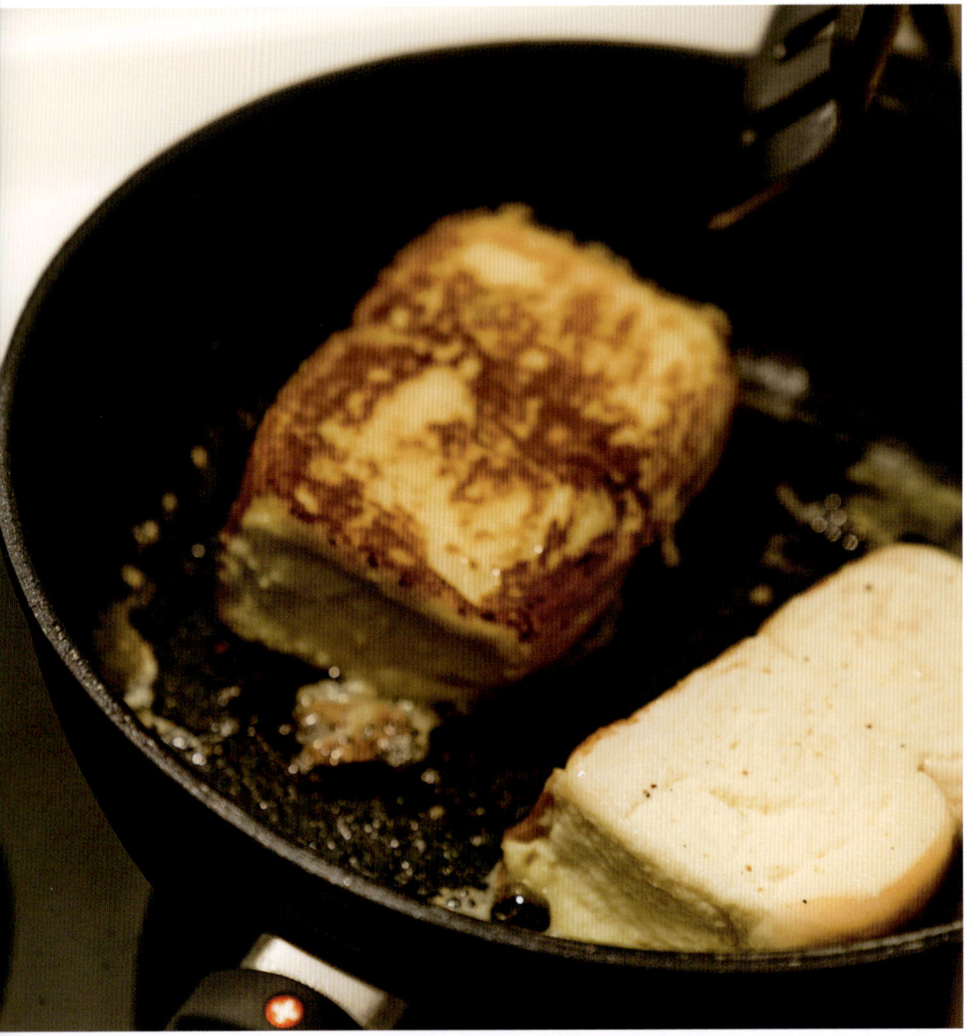

在家吃早餐｜輕輕鬆鬆，儀式感滿滿

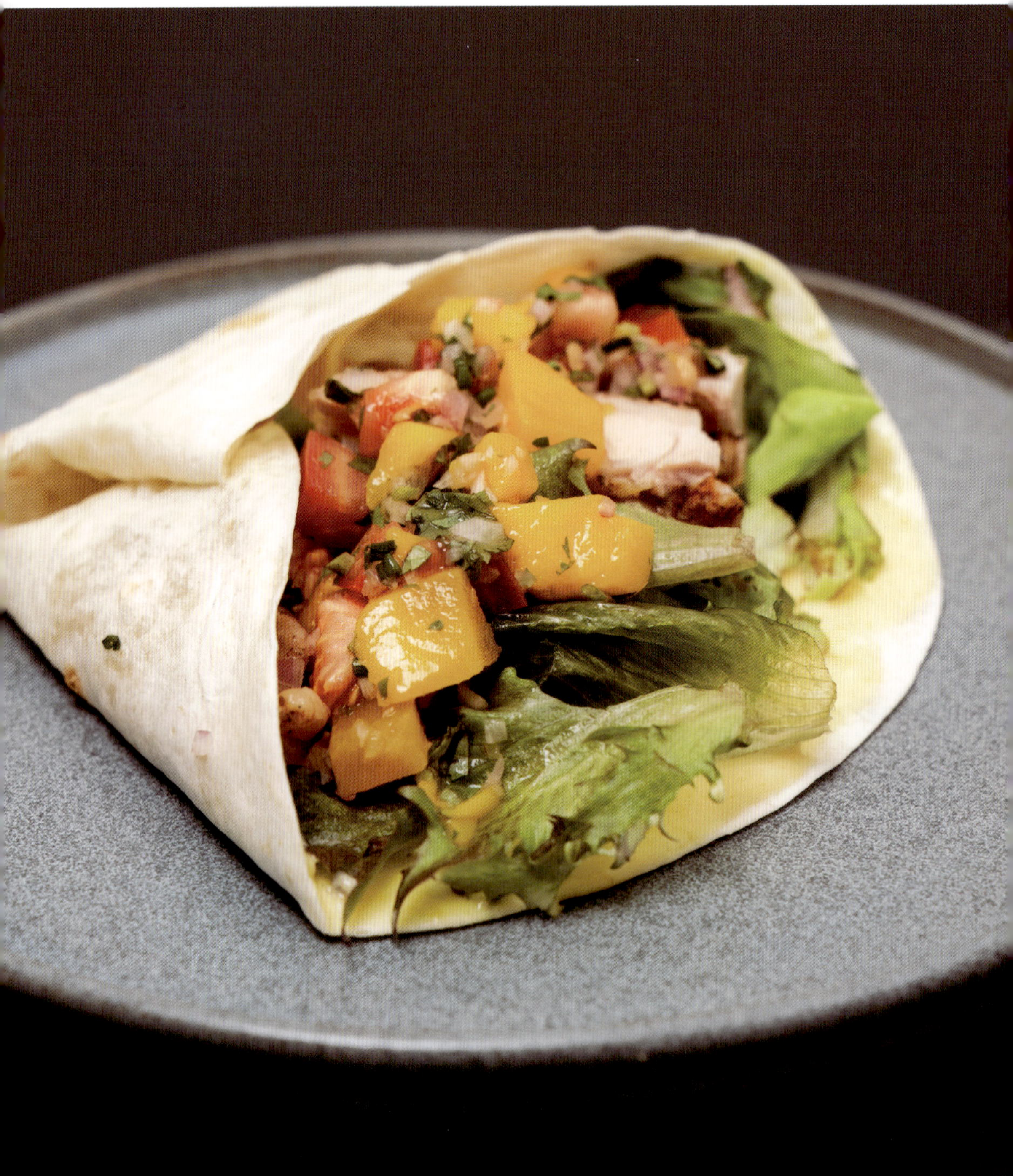

芒果莎莎雞肉卷餅

水果入菜一直是我很喜歡的方式,
尤其是高甜度的水果混合辣與酸的元素,
不僅能夠平衡水果的甜度,還能增添層次感,
使味覺更加豐富!這個比例就算是換成鳳梨、水蜜桃也都一定會很好吃!

▌材料

1. 芒果…200g(切丁)
2. 牛番茄…100g(切丁)
3. 紫洋蔥…1/2顆(切丁)
4. 九層塔…45g(切碎)
5. 香菜…10g(切碎)
6. 蒜碎…10g
7. 辣椒…1根(切碎)
8. 糖…20 g
9. 檸檬汁…10g
10. Tabasco…少許(可依據個人口味調整)
11. 黑胡椒…些許
12. 鹽…些許
13. 去骨雞肉…300g(雞胸肉或雞腿肉)
14. 優格…40g
15. 生菜…適量
16. 墨西哥餅皮…1張

▌作法

1. 準備芒果莎莎醬
   - 將芒果切成小塊,在一個大碗中,混合材料2〜12,攪拌均勻備用。
2. 煎雞胸
   - 雞肉先泡在2%的鹽水中6小時。
   - 擦乾表面水分,在熱鍋中加入少許的油,先用中高溫每面煎1分半〜2分鐘至表面金黃,接著加入兩大匙的水蓋上鍋蓋,關火,燜約6分鐘即可。
   - 取出,切塊備用。
3. 組裝卷餅
   - 將卷餅在乾淨的平底鍋中輕微加熱,使其變得柔軟,便於包捲。
   - 在卷餅中央放上生菜、優格及雞肉。
   - 在雞肉上加入芒果莎莎醬。
   - 將卷餅下方往上折至中間,左右邊收合即可。

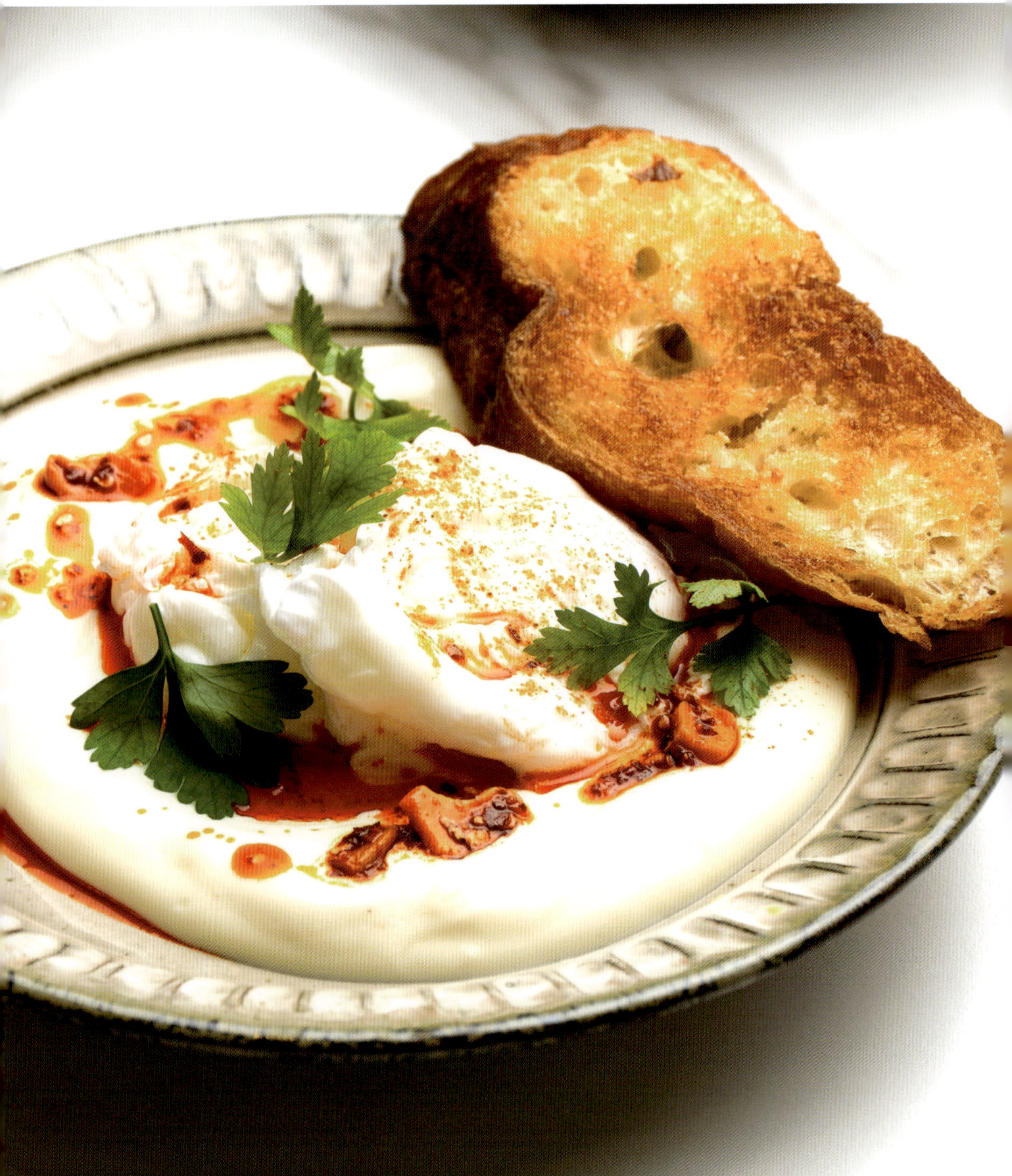

辣優格水波蛋

改版土耳其蛋，
用大家容易買到的油潑辣子及優格來呈現，
非常開胃喔！

▍材料

1. 無糖優格…190g
2. 鹽…少許
3. 蒜泥…1顆
4. 市售油潑辣子…2匙
5. 雞蛋…2顆
6. 法國麵包…2～4片
7. 平葉巴西里…少許

▍作法

1. 水波蛋做法詳見p.45。
2. 預熱烤箱，法國麵包用攝氏180度烤至金黃酥脆。
3. 取一小碗放入無糖優格、鹽、蒜泥拌勻。
4. 取一個盤子，放入調味好的優格，放上兩顆水波蛋，淋上油潑辣子。
5. 最後放上平葉巴西里及法國麵包即可！

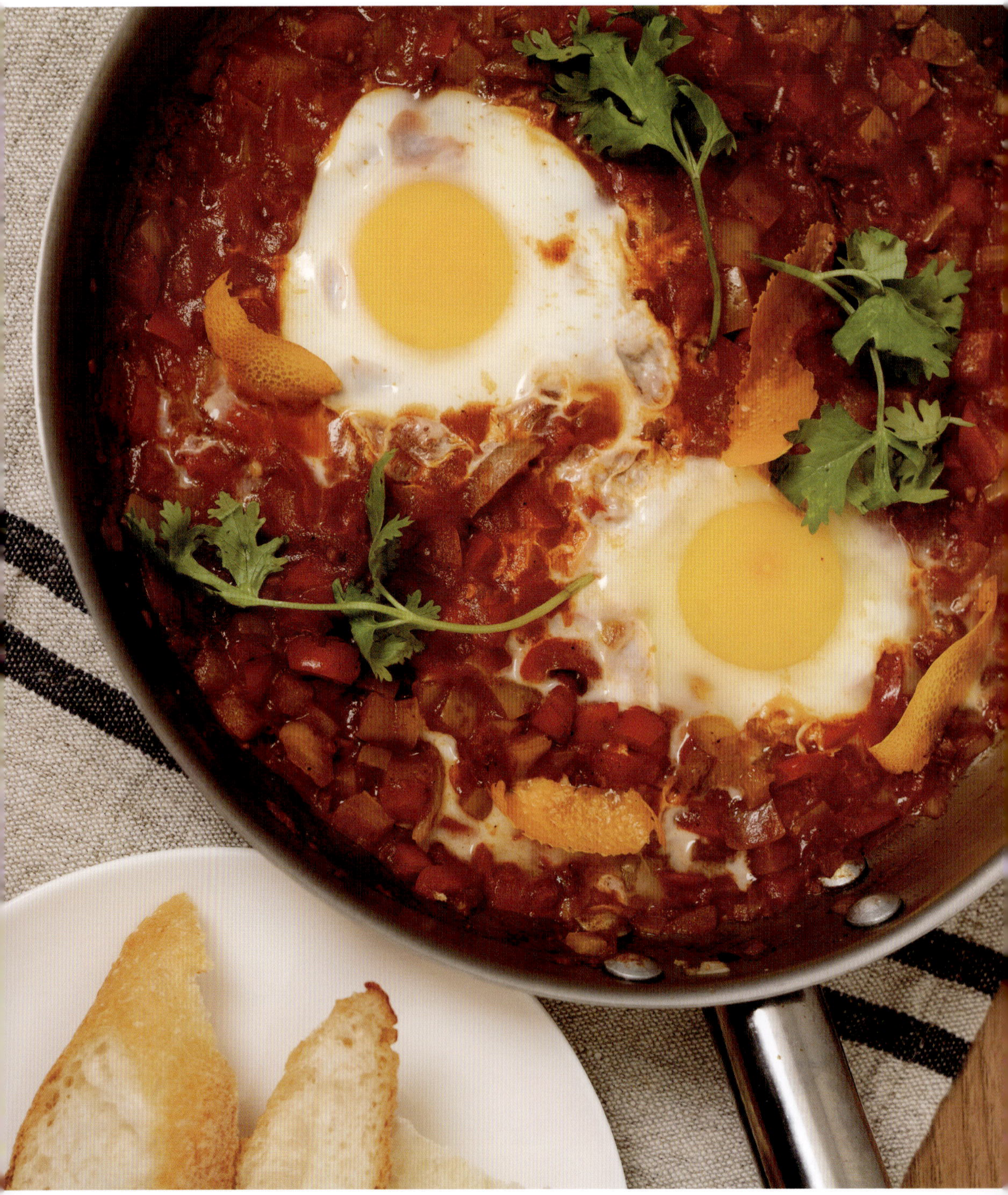

北非烤蛋

我喜歡幫我的北非烤蛋帶點香橙氣息，
讓它多點層次，不會只有番茄調性！
露營一起床喝咖啡再配上這個，真的是太享受……

▍材料

1. 甜椒…1顆（切丁）
2. 番茄罐頭…150g
3. 洋蔥…1顆
4. 蒜碎…些許
5. 孜然粉…1大匙
6. 紅椒粉…2大匙
7. 鹽…1茶匙
8. 糖…些許
9. 黑胡椒…少許
10. 柳橙汁…1匙
11. 香菜…少許（裝飾用）
12. 柳橙皮…少許（裝飾用）
13. 法國麵包…2片

▍作法

1. 冷鍋冷油先炒香洋蔥，接著放入蒜碎。
2. 待香氣出來後，加入甜椒丁。
3. 再加入番茄罐頭。
4. 加入孜然粉、紅椒粉、鹽、黑胡椒、柳橙汁、糖調味。
5. 煮至稍微濃稠後，打入兩顆荷包蛋。
6. 煮約1分鐘後，熄火用鍋蓋燜至喜歡的熟度。
7. 最後放上香菜裝飾、刨上柳橙皮增添香氣。
8. 烤上喜歡的麵包一起享用吧！

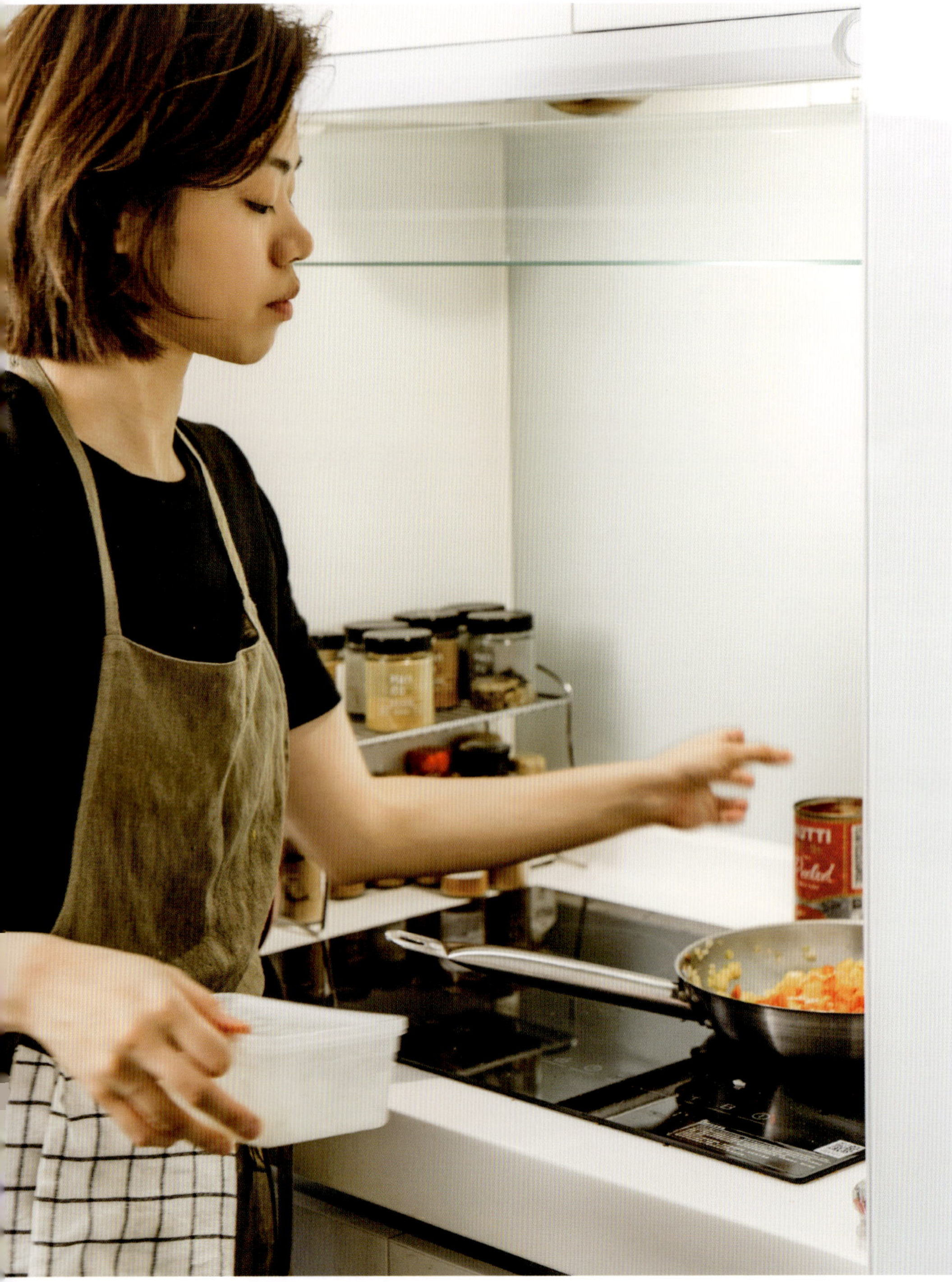

在家吃早餐｜輕輕鬆鬆，儀式感滿滿

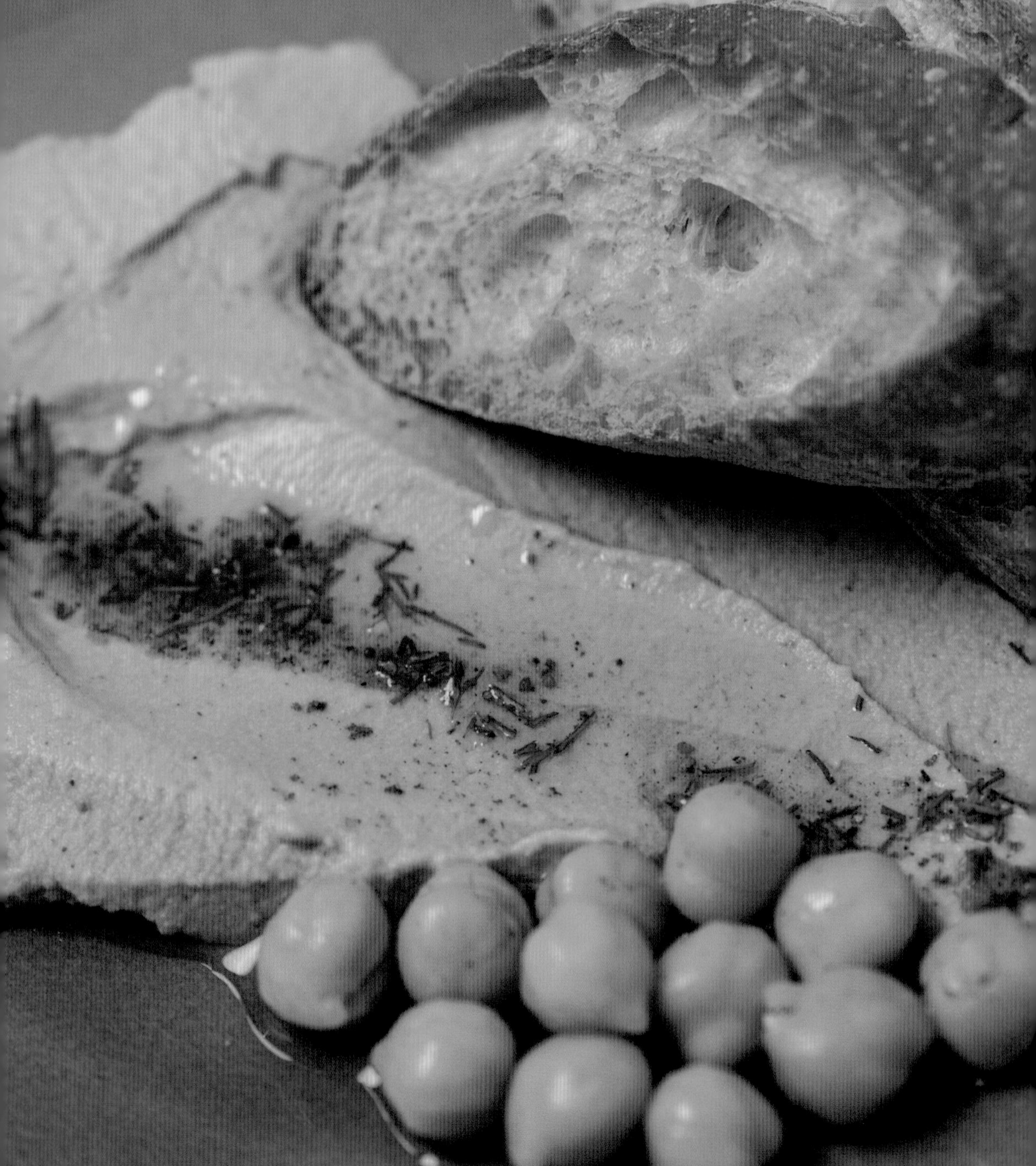

鷹嘴豆泥配法國麵包

當初在美國打工度假時很常聽到客人點 humms 系列餐點，
那時候還不知道這個單字是什麼意思，
但就覺得它好好吃，後來才知道原來就是鷹嘴豆泥！
雖然名字跟長相都不起眼，但相信我，
你只要試過一次就會愛上，重點這還是全素的呢！

▎材料

1. 熟鷹嘴豆…1罐（留一些裝飾用）
2. 中東芝麻醬（Tahini）…60g
3. 檸檬汁…半顆
4. 大蒜…1～2瓣（切碎）
5. 初榨橄欖油…80g
6. 孜然粉…1小匙
7. 鹽…適量
8. 生飲水…50～70g（根據需要調整濃稠度）
9. 煙燻紅椒粉…少許（裝飾用）
10. 蒔蘿碎…少許（裝飾用）

▎作法

1. 瀝乾鷹嘴豆、中東芝麻醬、檸檬汁、水、初榨橄欖油，用調理機打至均勻滑順。
2. 再加入切碎的大蒜、孜然粉、鹽，持續攪打直到混合均勻。
3. 若是太濃稠，可再慢慢增加水量。
4. 裝盤的時候撒上煙燻紅椒粉、新鮮的蒔蘿葉、鷹嘴豆及初榨橄欖油。
5. 搭配酥脆的法國麵包非常好吃喔。

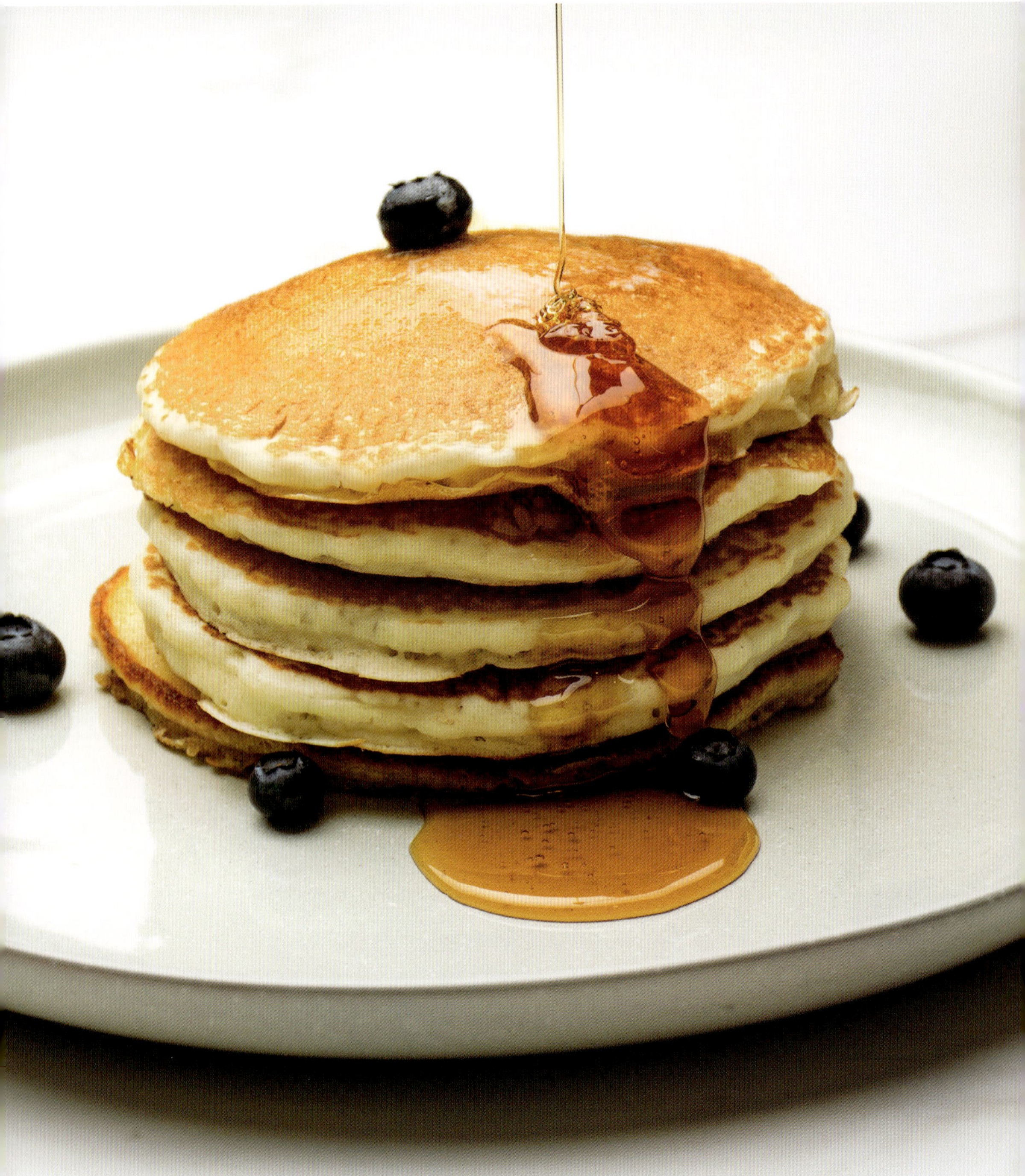

美式鬆餅

我是一個非常熱愛美式鬆餅的人,所以研究了好一陣子它鬆軟的祕訣,
在美國會用脫脂牛奶(buttermilk 製作奶油過程中的副產品)幫助它更鬆軟,
台灣不太有這種食材,其實用泡打粉也沒有問題。
要鬆軟也要切記不能過度攪拌麵糊,
麵糊也需要靜置讓泡打粉有時間作用,也讓麵粉更吸收液體。

▎材料

1. 中筋麵粉…190g
2. 泡打粉… 12g
3. 糖… 25g
4. 鹽…少許
5. 牛奶…310g
6. 蛋… 1顆
7. 融化奶油… 20g
8. 楓糖… 適量
9. 藍莓… 8〜10顆

▎作法

1. 麵粉過篩,混合所有乾粉(泡打粉、糖、鹽)。
2. 蛋、牛奶、融化奶油攪拌成麵糊,並靜置10分鐘。
3. 將蛋液慢慢加入乾粉內邊拌邊攪直到滑順,不結顆粒。
4. 鍋內擦一點奶油,舀一匙倒進去(第一片都會比較醜 正常的!)。
5. 待表面都出現小孔洞後即可翻面。
6. 另一面煎至上色即可。
7. 可搭配楓糖、藍莓一起享用喔!

Incredibly Delicious **Lunch**

CHAPTER 2

午餐
好吃到沒天理

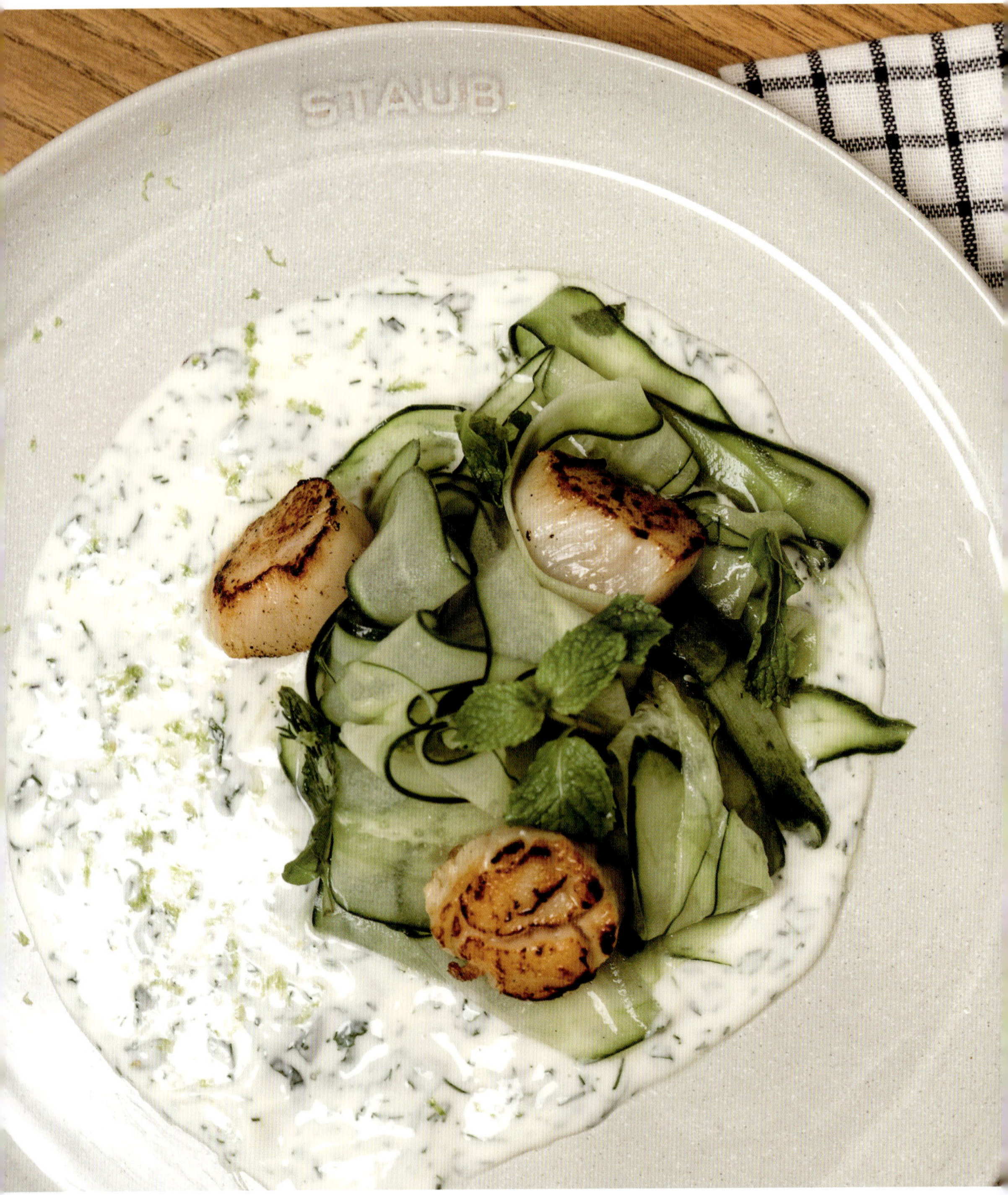
STAUB

小黃瓜干貝優格沙拉

優格的酸,配上滿滿的薄荷與香菜的清香感,
不論搭什麼都是非常好的配角!
這道沙拉在夏天吃非常舒服,
當然不是每次都要吃干貝,
換成雞肉也是很不錯的!

▎材料

1. 干貝…3顆
2. 小黃瓜…1根
3. 希臘優格…50g
4. 香菜…5g(切碎)
5. 鹽…1茶匙
6. 黑胡椒…2g
7. 薄荷…8g(切碎)
8. 蒜頭…1顆(切碎)
9. 檸檬汁…10g
10. 初榨橄欖油…1小匙
11. 黃檸檬皮…適量

▎作法

1. 小黃瓜用刨片器,刨成片狀。
2. 撒一點鹽幫助小黃瓜出水備用。
3. 取一個小碗放入優格、材料4~9,攪拌均勻。
4. 吸乾干貝表面水分,撒點鹽。
5. 熱鍋中加油,待油熱後放入干貝。
6. 先煎一面,待完全上色後再翻面,煎至上色即可(若要煎香煎上色 切勿一直翻面喔!煎海鮮也要記得溫度要高,待在鍋內時間愈久水分、甜味流失愈多。
7. 小黃瓜片出水後,瀝乾淋上初榨橄欖油。
8. 取個大盤,放上調製好的優格醬鋪底、小黃瓜片、干貝,刨上黃檸檬皮增添香氣。

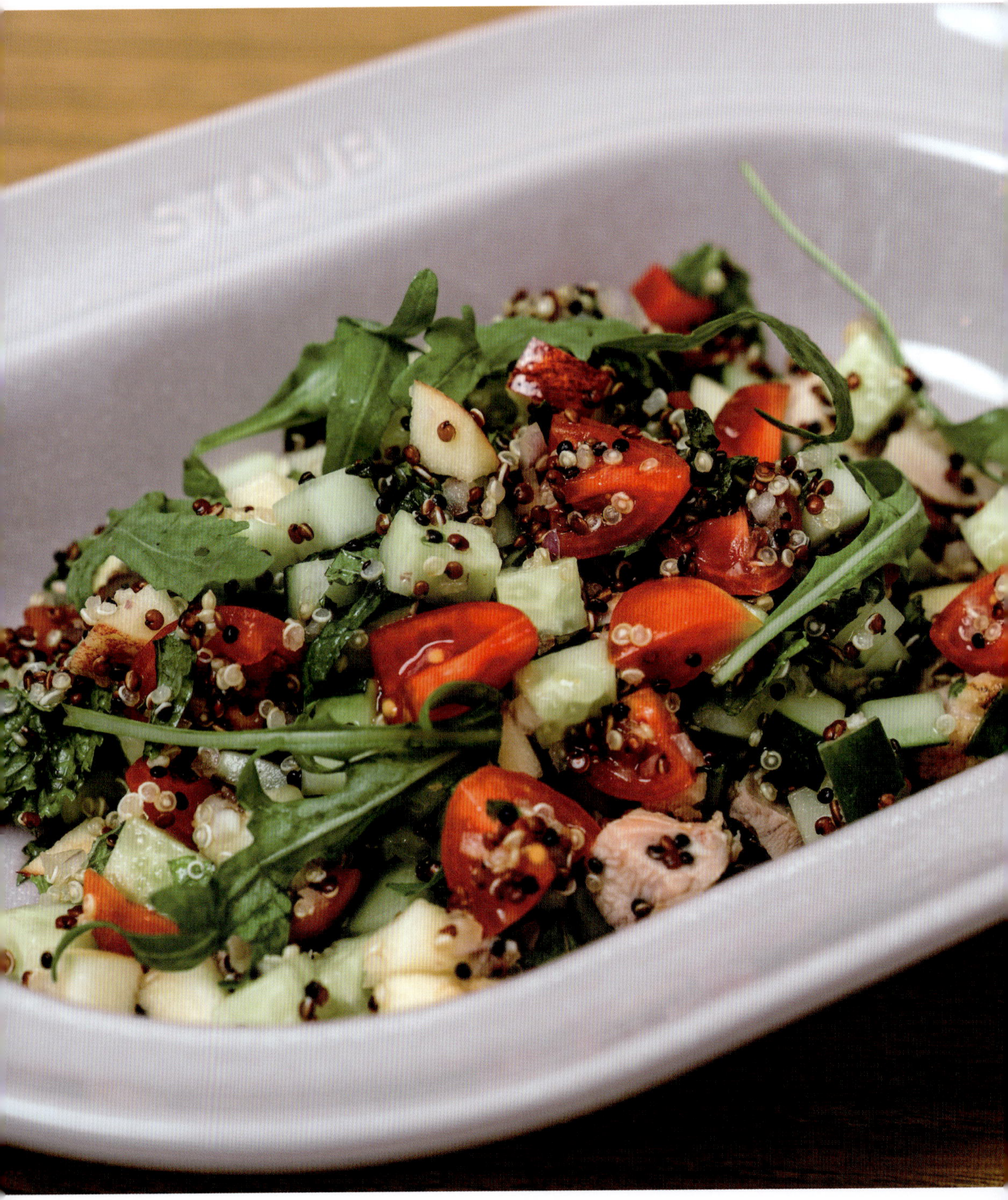
STAUB

鮮蔬薄荷藜麥沙拉

近年來健身風氣越來越盛行，
藜麥的出場率感覺也愈來愈高（笑），
藜麥柔韌有彈性，
不僅可以增加飽足感，也讓口感多了更多層次！

材料

1. 紅藜麥…10g
2. 昆布…1小片
3. 培根…1片
4. 初榨橄欖油…10g
5. 紅酒醋…1小匙
6. 黑胡椒…適量
7. 鹽…適量
8. 蘋果…半顆（切丁）
9. 小番茄…4顆（切丁）
10. 芝麻葉…5g
11. 薄荷…8g（切碎）

作法

1. 取一平底鍋，不加油放入培根，煎至酥脆，接著切碎備用。
2. 取一小碗，混合初榨橄欖油、紅酒醋、黑胡椒及鹽。
3. 取一鍋水，放入一小片昆布，煮滾後取出，加入紅藜麥，轉小火，蓋上蓋子煮約7～8分鐘，直到藜麥變軟，瀝乾備用。
4. 取一個碗加入培根碎及材料9～11，拌完即可盛盤享用！

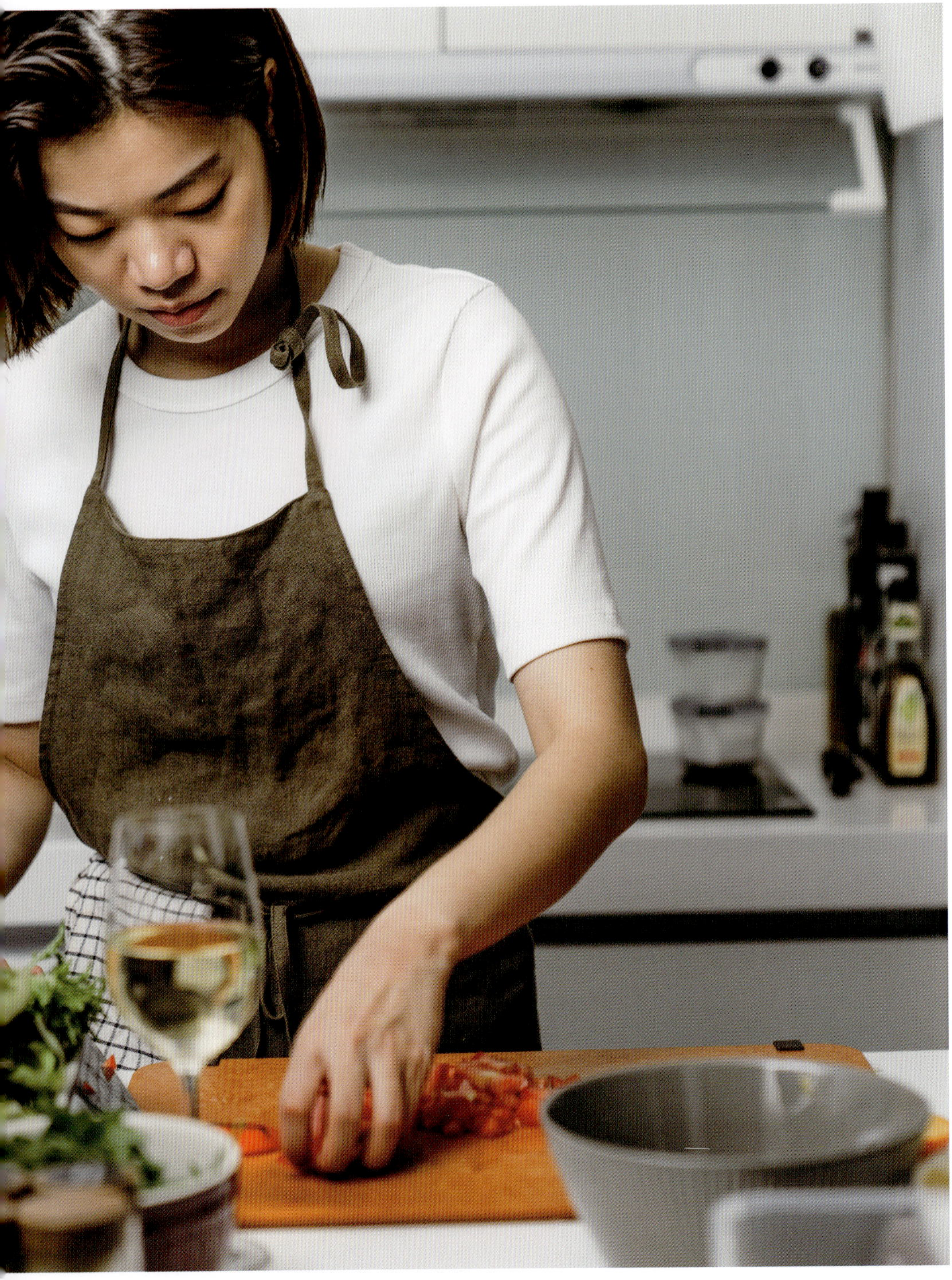

午餐 | 好吃到沒天理

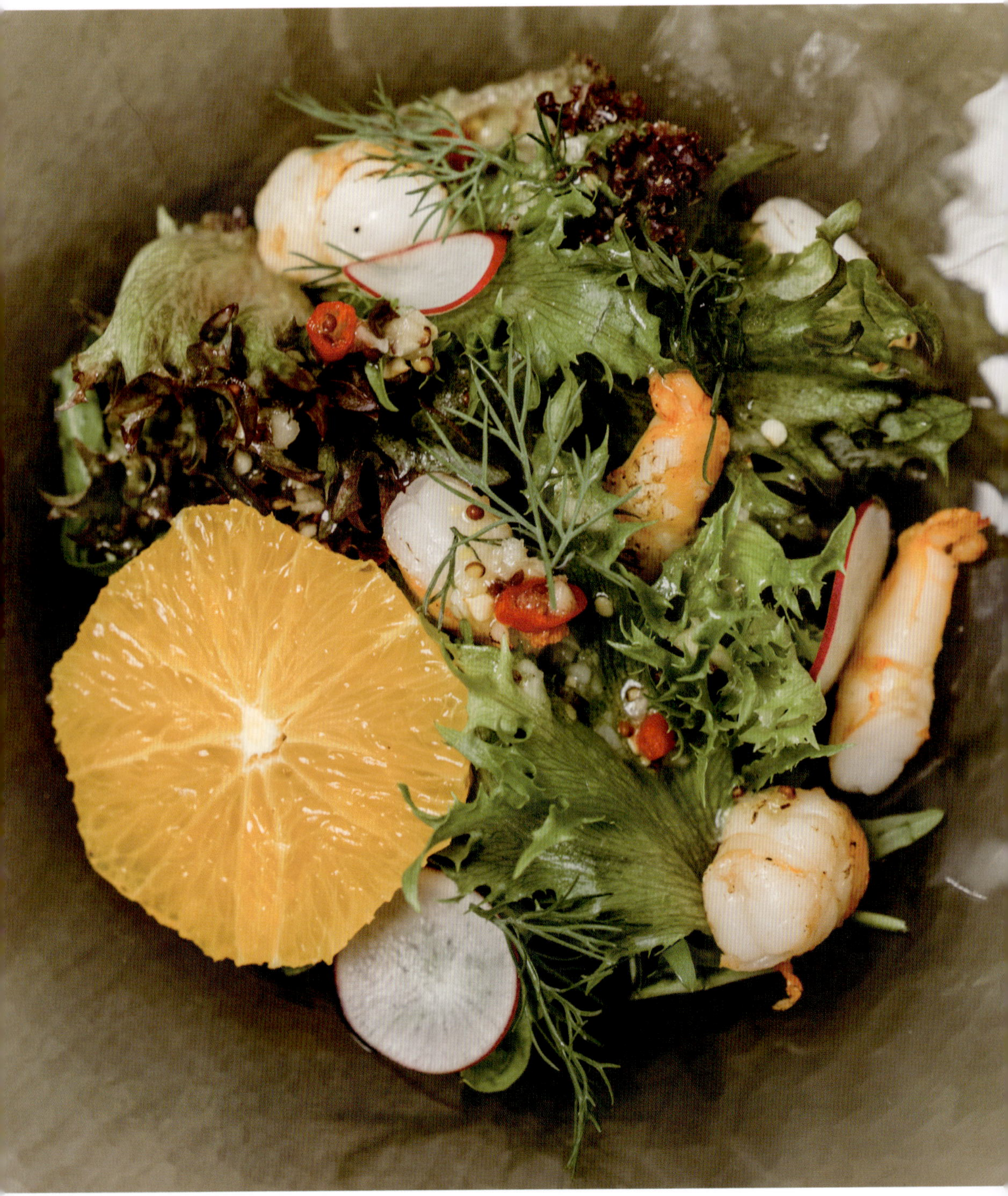

蒜味柳橙鮮蝦沙拉

這其實是一道滿台式的沙拉！
就像炒青菜一樣，有著濃郁的蒜味辣味，
不同的是加了果酸及醋酸，
讓整個沙拉醬變得非常勾引味蕾，搭配海鮮非常適合！

▌材料

1. 黃芥末籽…1大匙
2. 白酒醋…2大匙
3. 蒜頭…4顆
4. 辣椒…1根
5. 鹽…8g
6. 糖…5g
7. 黑胡椒…適量
8. 柳橙汁…半顆
9. 初榨橄欖油…50g
10. 柳橙肉（切片）、皮…半顆
11. 蝦子…4隻
12. 奶油…5g
13. 綜合生菜…40g

▌作法

1. 將蝦子擦乾，放入熱鍋乾煎，兩面轉紅後，撒一點鹽加入奶油關火。
2. 將煮熟的蝦子切成小塊。
3. 準備油醋醬：取一個小碗加入材料1～9，用打蛋器打至均勻乳化。
4. 綜合生菜洗淨脫水後，放入盤內。
5. 放上柳橙片、蝦肉、淋上油醋醬就完成了。

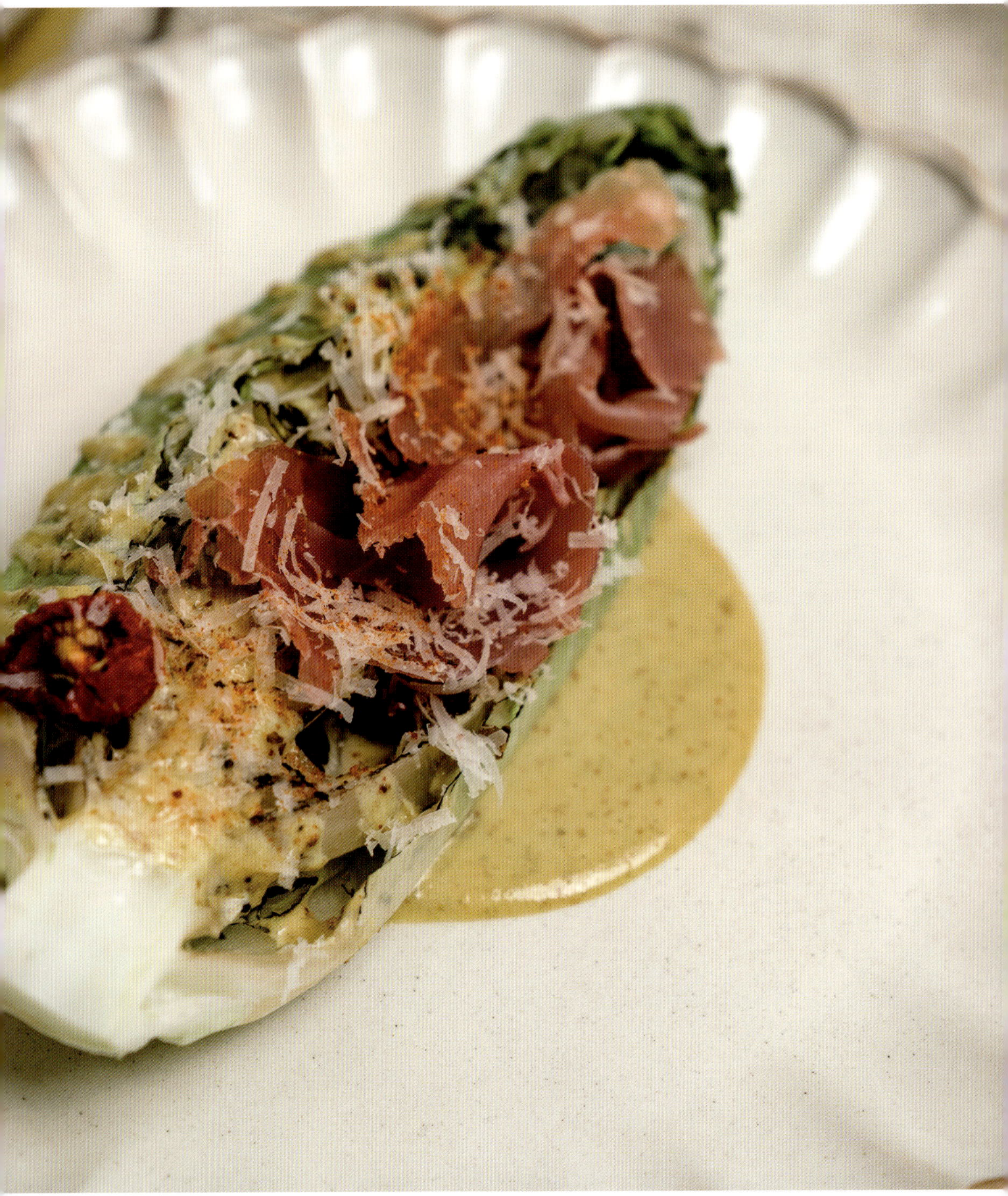

炭烤羅曼配清爽凱薩醬

有次在一間義式小酒館吃到炭烤過的羅曼後驚為天人，
烤過後甜味更釋放，也多了大火烤過的香氣！
這完全有別於一般的凱薩沙拉，有機會一定要試試！

▌材料

1. 羅曼…半顆
2. 生火腿…1片（可省略）
3. 風乾番茄…2顆（製作方法見p.37）
4. 鯷魚…1條（切成泥）
5. 蛋黃…1顆
6. 檸檬汁…1大匙
7. 第戎芥末…40g
8. 初榨橄欖油…80g
9. 蒜泥…2g
10. 伍斯特醬…1茶匙
11. 鹽…2g
12. 糖…5g
13. 黑胡椒…些許
14. 帕達諾起司…些許
15. 肯瓊粉…些許（可省略）

▌作法

1. 將鯷魚、蛋黃、檸檬汁、芥末、蒜泥、伍斯特醬混合在攪拌碗中，緩慢加入初榨橄欖油，持續攪拌，形成濃稠的醬汁。
2. 最後加入糖、鹽、黑胡椒調整風味。
（作法1～2也可以將所有食材放置容器中，使用手持調理機打至滑順。）
3. 羅曼表面使用噴槍噴至上色。
4. 淋上沙拉醬，放上風乾番茄、生火腿，撒上香料粉，最後刨上帕達諾起司。

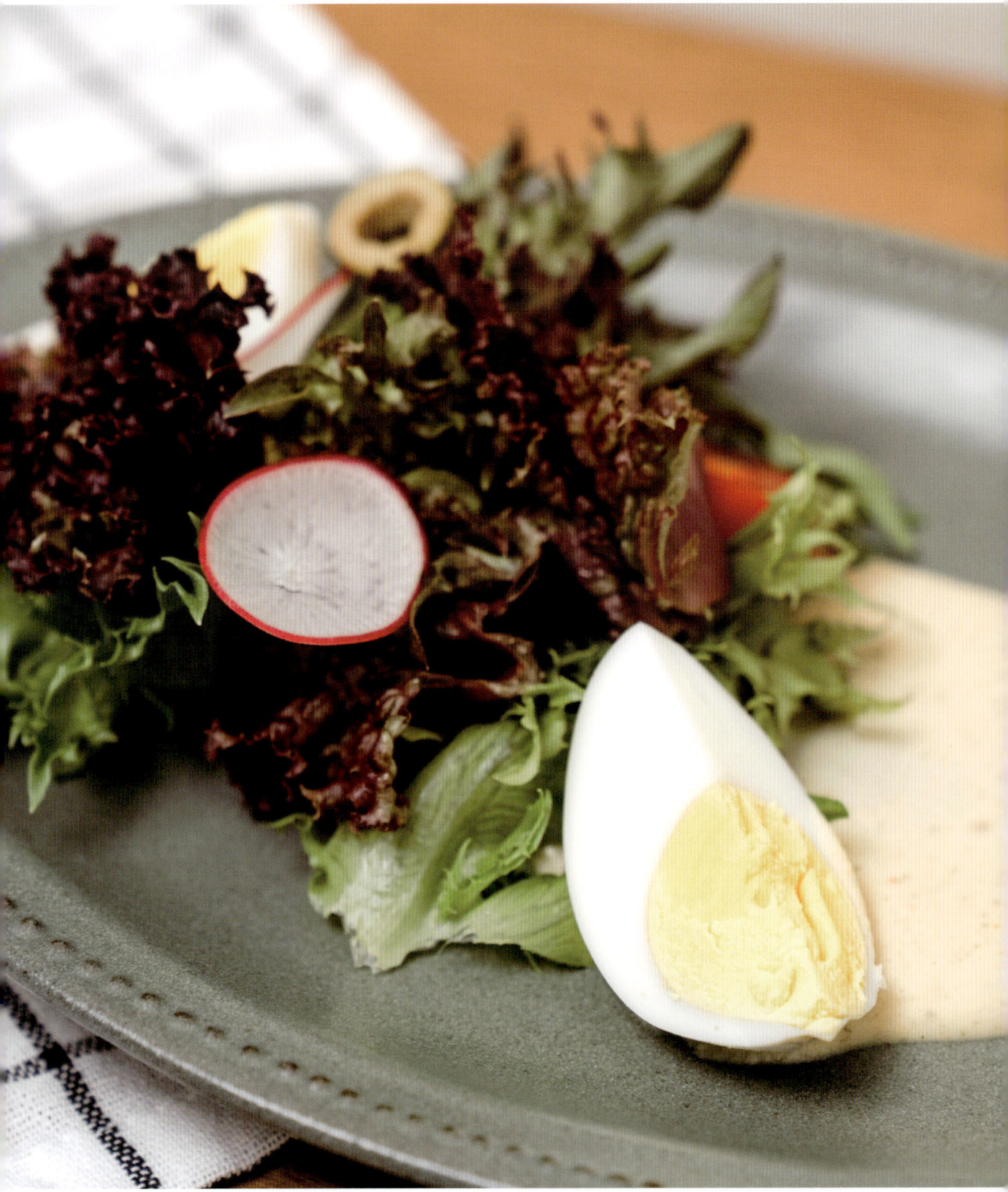

義式水煮蛋沙拉

一看到鮪魚罐頭,大家應該會直接聯想到蛋餅或是三明治,
這些非常台派的食物,
但在義大利有很經典的冷菜 Vitello Tonnato 鮪魚醬小牛肉,
就是用鮪魚醬搭配煮熟的小牛肉切片,
我非常愛那個醬!
除了可以變成沙拉醬,當成麵包抹醬也很適合!

▎材料

1. 鮪魚罐頭⋯1罐
2. 水煮蛋⋯2顆
3. 紅酒醋⋯40g
4. 楓糖漿⋯40g
5. 酸豆⋯15g
6. 辣椒粉⋯2g
7. 伍斯特醬⋯1/2茶匙
8. 鹽⋯5g
9. 小番茄⋯1顆
10. 櫻桃蘿蔔⋯1顆(可省略)
11. 綠橄欖⋯2顆(可省略)
12. 生菜葉

▎作法

1. 將鮪魚罐頭、2顆水煮蛋、材料3～8,全部放進一個容器,用手持調理機打至滑順成沙拉醬。
2. 在盤中鋪上醬汁,放上生菜葉,切過的水煮蛋,擺上任何你想用的沙拉食材,我這裡則是用小番茄、綠橄欖、櫻桃蘿蔔。
3. 沙拉醬汁搞定後其他真的隨興啦!

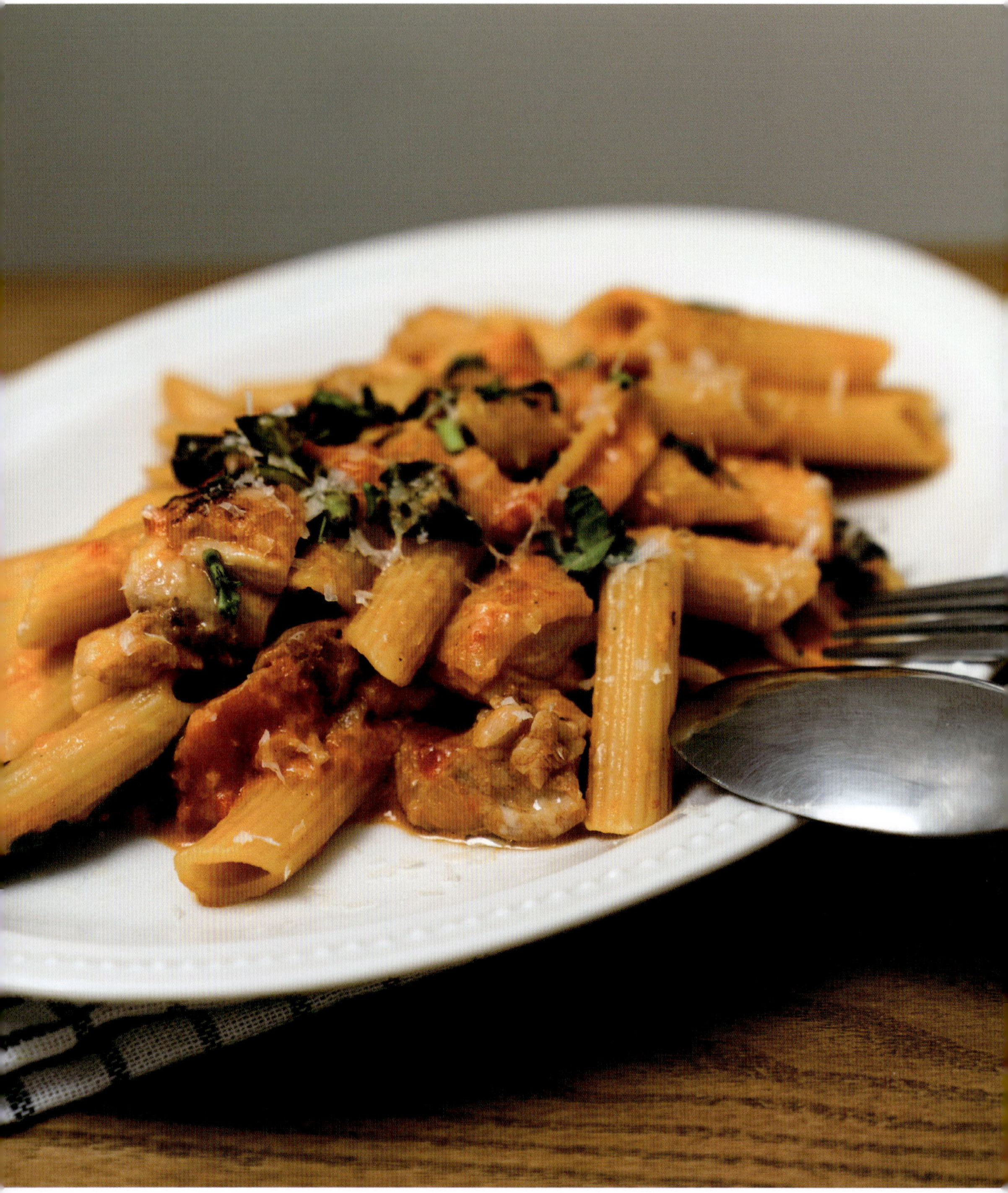

番茄雞肉筆管麵

這是一道非常簡單的義大利麵，
有別於一般番茄口味的作法，
讓每個初次嘗試義大利麵料理的你們都能成功！

▎材料

1. 蒜頭…5顆（切片）
2. 去骨雞腿肉…1片
3. 番茄膏…1大匙（不是番茄糊，也不是番茄泥喔！）
4. 鮮奶油…40g
5. 筆管麵…120g
6. 辣椒片…些許
7. 帕達諾起司…些許
8. 九層塔…少許（2～3片）
9. 初榨橄欖油…些許

▎作法

1. 起一鍋加入1.5L的水，水滾後加入15g的鹽（麵水比例可以抓每公升水配10g的鹽）。
2. 接著放入義大利麵，入鍋後，用矽膠刮刀稍微攪拌鍋底，防止沾黏，煮的時間，根據包裝袋上的時間減一分鐘。
3. 使用一個不沾鍋，冷鍋無油放入雞腿排，雞腿排皮面朝下，慢慢煎至金黃。
4. 煎的過程中可以壓一個盤子在雞腿上，上色會更加均勻。
5. 雞皮呈現金黃後即可取出。
6. 同鍋再加一點初榨橄欖油，炒香蒜片，至蒜片微微金黃，再加入辣椒片。
7. 加入番茄膏，稍微拌散加入1匙麵水，再加入義大利麵，稍微收汁之後加入鮮奶油。
8. 最後刨上帕達諾起司，快速攪動，或是快速翻炒，幫助乳化。
9. 起鍋前再撒上新鮮九層塔。

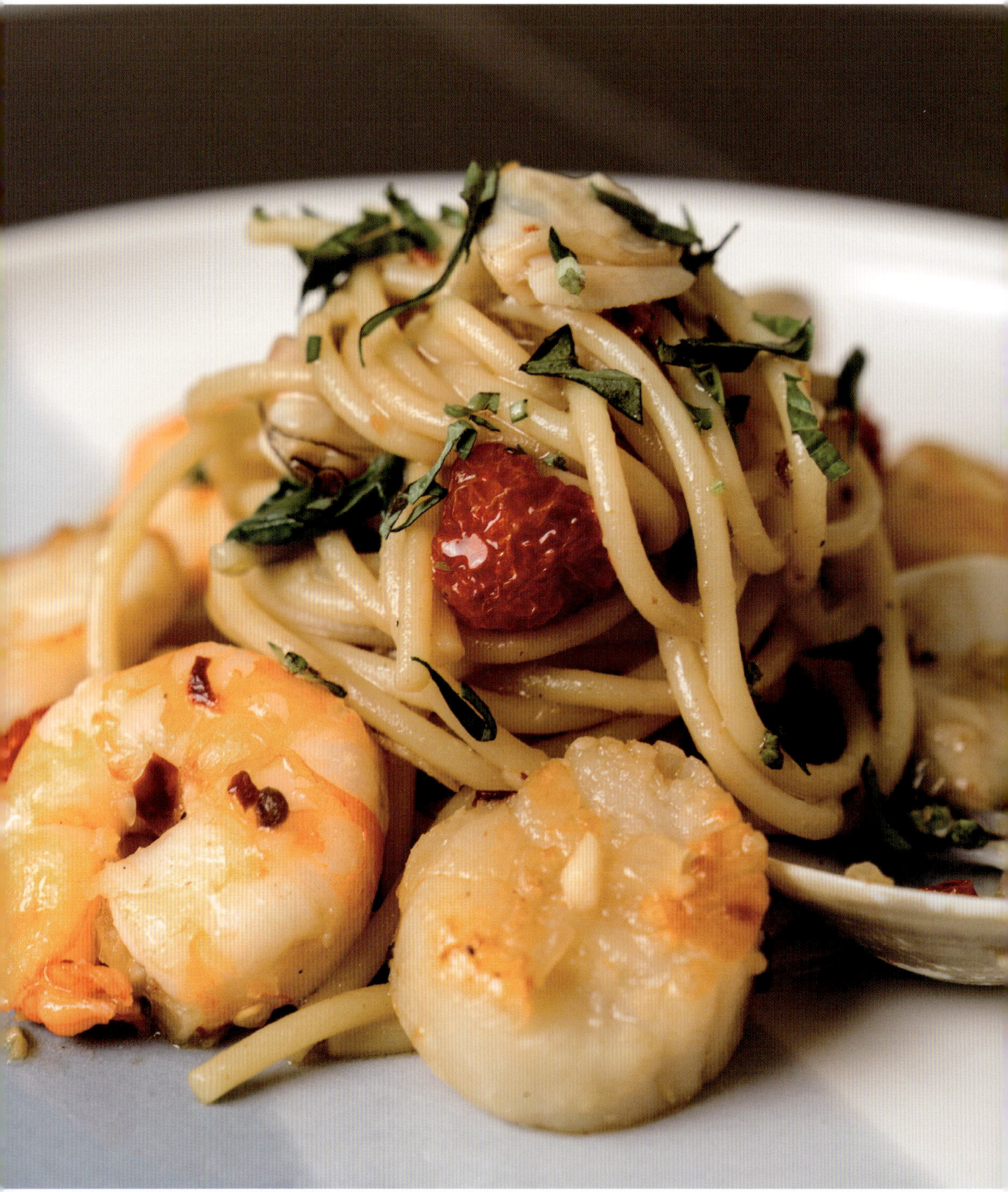

風乾番茄羅勒海鮮義大利麵

比起茄汁，我更喜歡清炒的義大利麵，
在原本就夠鮮的基礎上，再加幾顆風乾番茄，
濃縮的風味瞬間釋放！
鮮上加鮮。

▌材料

1. 蒜頭⋯4顆（切片）
2. 洋蔥⋯1/4顆（切碎）
3. 蛤蜊⋯5顆
4. 蝦子⋯3隻（去殼去蝦泥擦乾）
5. 干貝⋯3顆（擦乾）
6. 義大利直麵⋯120g
7. 風乾番茄⋯5顆
8. 白酒⋯20g
9. 羅勒⋯2片（切碎）
10. 初榨橄欖油⋯適量

▌作法

1. 煮一鍋1L的滾水，水滾後加入10g鹽（麵水比例可以抓每公升水配10g的鹽）。
2. 接著放入義大利麵，入鍋後，稍微攪拌鍋底，防止沾黏，煮的時間，根據包裝時間減一分鐘。
3. 取一平底鍋，熱鍋後加一點油將蝦子及干貝表面煎上色，不用全熟喔！即可取出（煎的時候切勿一直翻面，單面上色再翻面，為了不讓海鮮過老，油溫要高）。
4. 取另一冷鍋冷油放入蒜頭慢慢爆香至上色，接著放入洋蔥，炒透後加入風乾番茄炒香。
5. 加入蛤蜊，並淋上白酒，加一匙麵水，蓋鍋蓋稍微燜一下，蛤蜊一開就拿起。
6. 放入義大利麵收汁，並加入煎過的蝦子及干貝。
7. 最後淋上初榨橄欖油乳化。
8. 起鍋前再撒上新鮮羅勒葉。
9. 最後再擺上蛤蜊就完成啦！

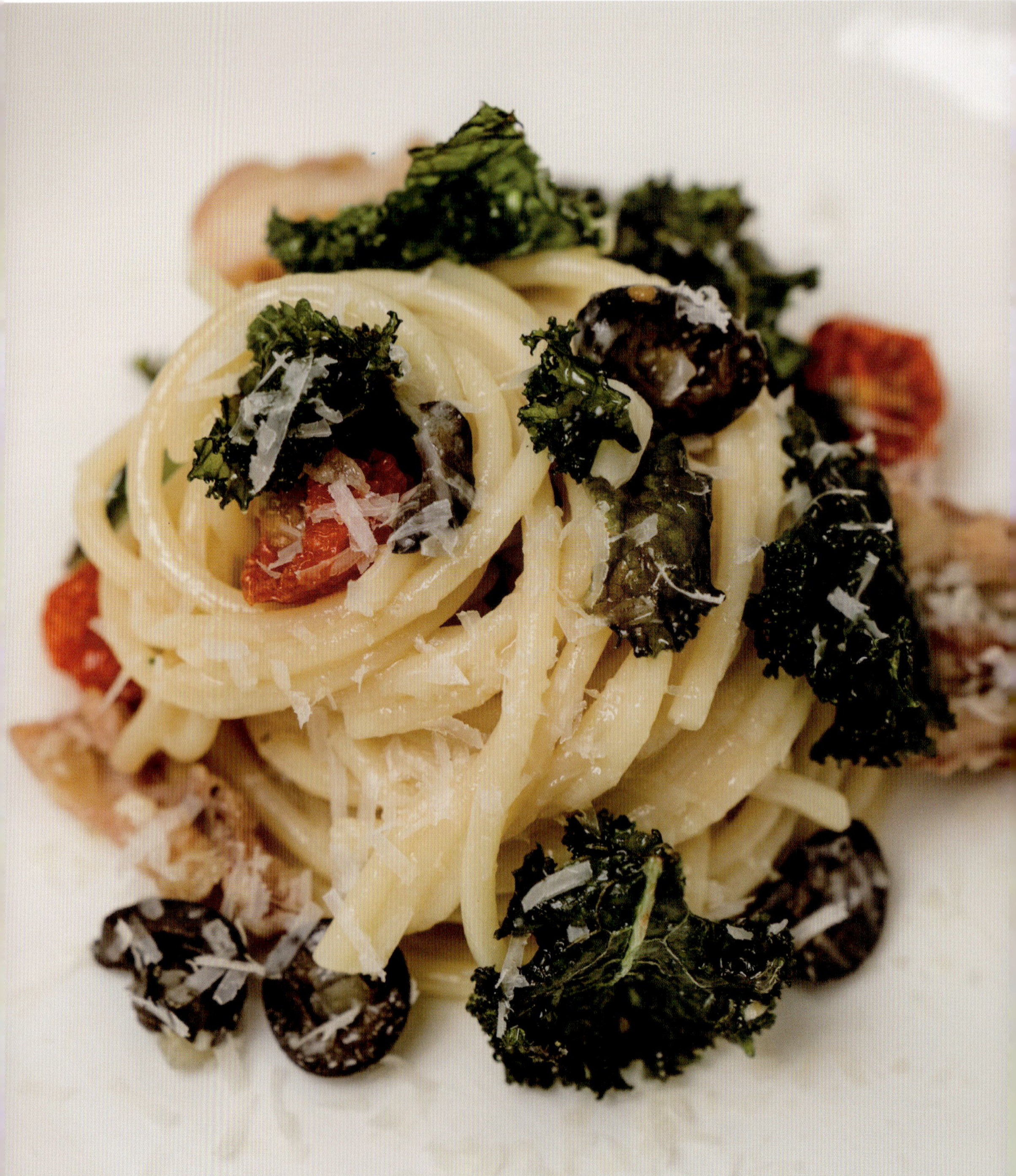

雞肉羽衣甘藍義大利麵

用醃漬物（黑橄欖、酸豆）炒義大利麵其實是個作弊的方法，
因為很難不好吃。
就如同前面說的，它們都是富含「鮮味」的食材，
簡單炒就非常美味了！
烤過的羽衣甘藍就像海苔一樣，又香又酥脆，
增添了整道麵的口感。

▌材料

1. 蒜頭…4顆（切片）
2. 洋蔥…1/4顆（切碎）
3. 酸豆…1小匙（約5g）
4. 黑橄欖…5顆（切碎）
5. 辣椒片…些許
6. 義大利直麵…120g
7. 去骨雞腿…1片
8. 羽衣甘藍…20g
9. 帕達諾起司…適量

▌作法

1. 羽衣甘藍洗淨濾乾後，取下葉片，淋上一點初榨橄欖油及鹽。
2. 放入烤箱或氣炸鍋，以攝氏220度烘烤約2分鐘，使其酥脆。
3. 煮一鍋1L的滾水，水滾後加入10g的鹽（麵水比例可以抓每公升水配10g的鹽）。
4. 接著放入義大利麵，麵入鍋後，用刮刀稍微攪拌鍋底，防止沾黏，煮的時間，請依據包裝袋上的時間減一分鐘。
5. 使用一個不沾鍋，冷鍋無油放入雞腿排，雞皮向下，慢慢煎至金黃。
6. 煎的時候可以壓一個盤子在雞腿上，這樣上色會更加均勻。
7. 雞皮呈現金黃後即可取出，切塊備用。
8. 同鍋再加一點初榨橄欖油，炒香蒜頭，接著放入洋蔥、辣椒片、黑橄欖及酸豆。
9. 炒香後加入麵水、義大利麵。
10. 加入雞腿塊，最後用起司粉乳化。
11. 起鍋前再加入酥脆的羽衣甘藍，最後刨上帕達諾起司即可完成。

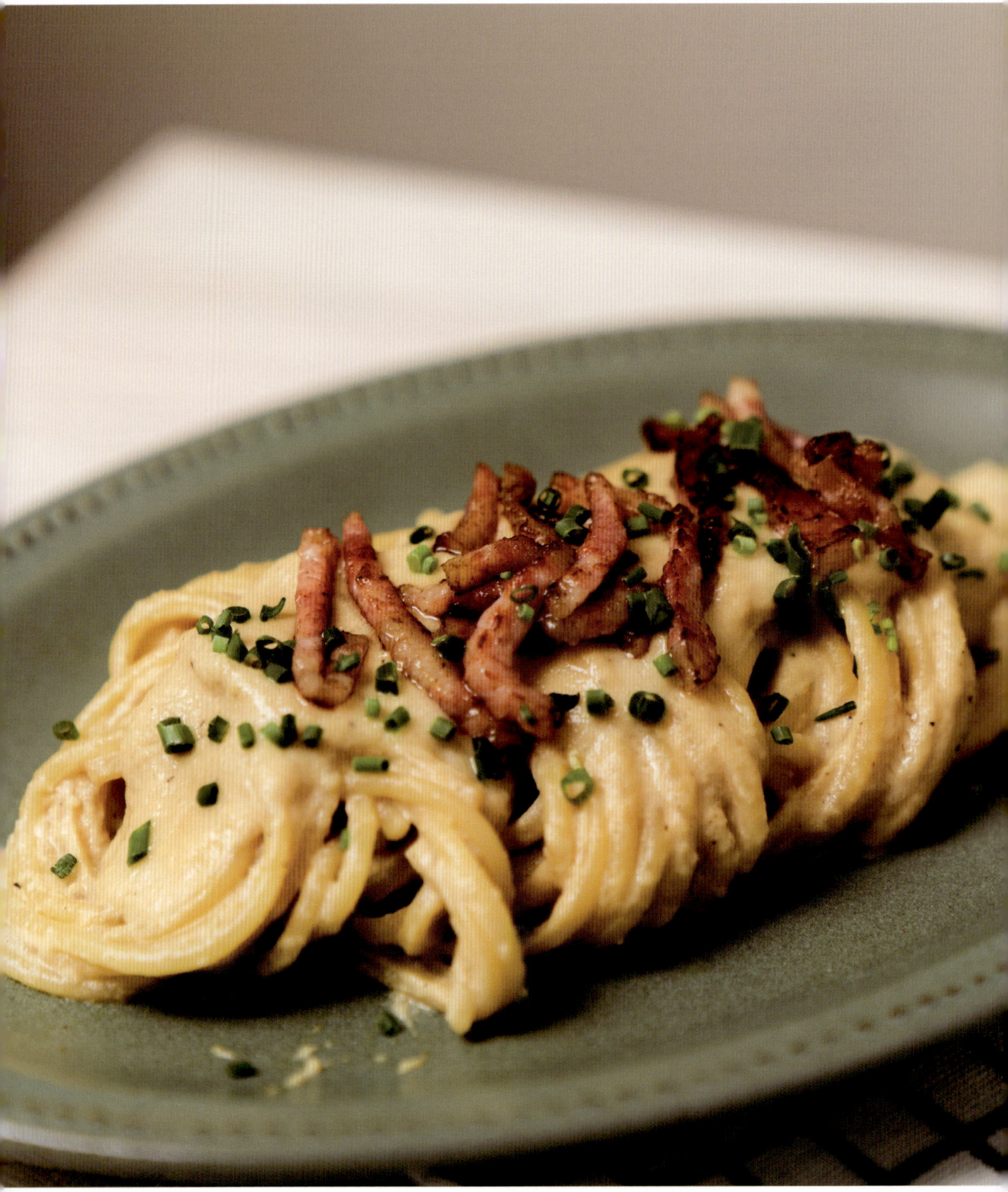

焦化洋蔥義大利麵

焦糖化做起來費時但很簡單,也可以常備,
如果說醃漬物是作弊,那焦化洋蔥就是開外掛,
甜度高味道又濃郁,
如果你喜歡奶醬系的義大利麵,
那你一定會愛死這道!

材料

1. 洋蔥…1顆(約300g)
2. 奶油…20g
3. 巴薩米克醋…10g
4. 鹽…3g
5. 黑胡椒…些許
6. 義大利直麵…130g
7. 蛋黃…1顆
8. 帕達諾起司…10g
9. 水…50g
10. 初榨橄欖油…30g
11. 檸檬皮…少許
12. 蝦夷蔥…1根
13. 培根…1片

作法

1. 取一個平底鍋,不放油放入培根煎至酥脆後取出,並切碎。
2. 同鍋放入奶油,融化後加入切絲的洋蔥,中火炒至完全焦糖化。
3. 過程中可以撒一點鹽幫助出水。
4. 整個過程大概要20～30分鐘,最後加入巴薩米克醋(做好可以冷凍常備)。
5. 取個容器接著放入焦糖化洋蔥、蛋黃、鹽、黑胡椒、帕達諾起司、初榨橄欖油,用手持調理機打至滑順。
6. 將醬汁倒回鍋中加熱,加入煮好的義大利麵,最後放上培根,刨上檸檬皮跟蝦夷蔥完成。

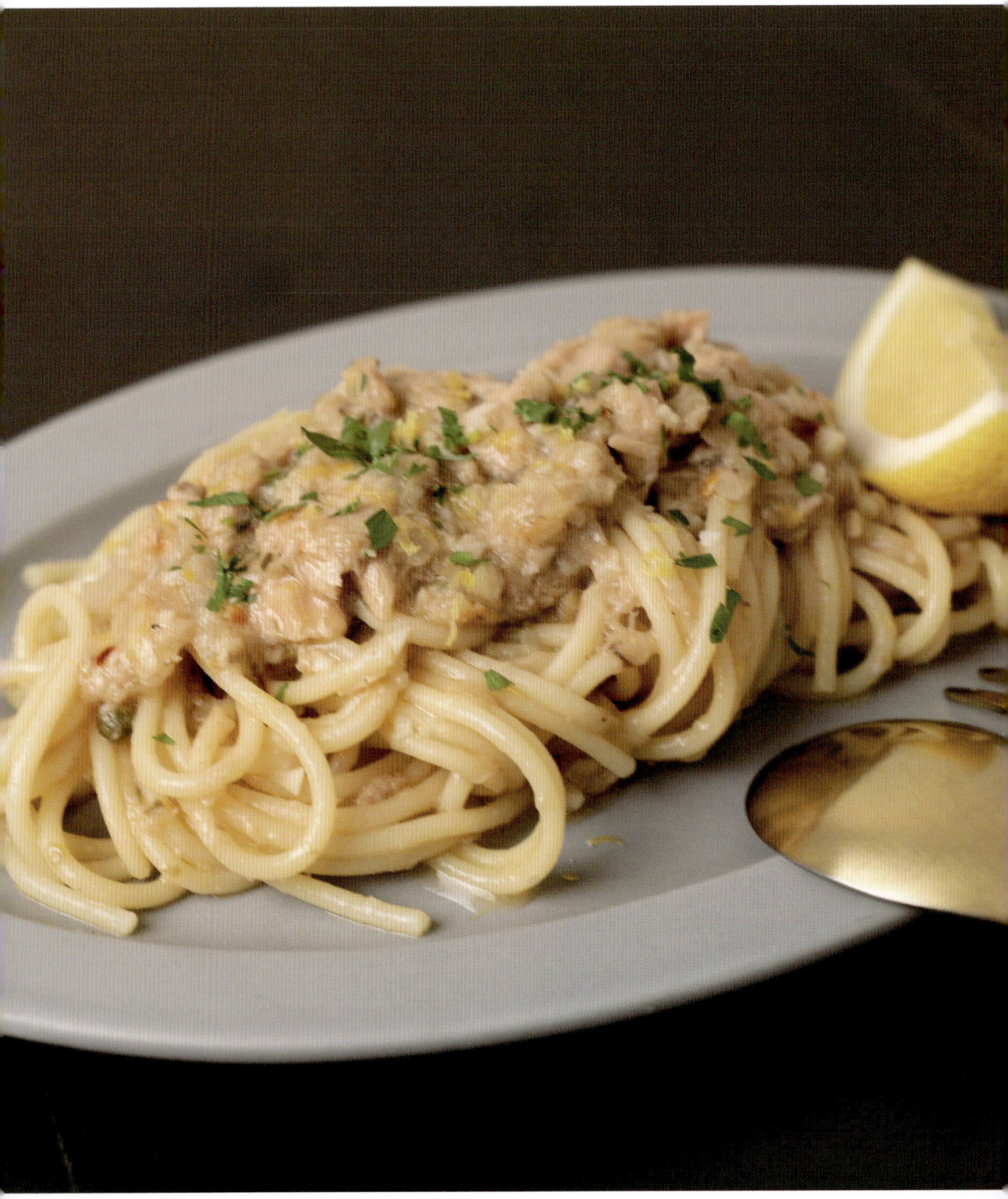

鮪魚檸檬義大利麵

炎炎夏日，這是我最愛的一款義大利麵了，
酸鹹感十足！

▍材料

1. 初榨橄欖油⋯1大匙
2. 紫洋蔥⋯1/4顆
3. 蒜頭⋯4顆
4. 鮪魚罐頭⋯1罐
5. 辣椒片⋯1茶匙
6. 酸豆⋯1匙
7. 義大利直麵⋯130g
8. 帕達諾起司⋯適量
9. 鹽⋯少許
10. 黑胡椒⋯少許
11. 檸檬汁⋯半顆
12. 檸檬皮⋯少許
13. 巴西里葉⋯1〜2片（切碎）

▍作法

1. 冷鍋冷油炒香蒜頭，接著放入紫洋蔥炒透。
2. 再放入辣椒片、酸豆炒香。
3. 加入鮪魚罐頭（多餘油脂要濾掉）以及一匙麵水。
4. 加入煮好的義大利麵拌炒收汁。
5. 最後加入檸檬汁、鹽、黑胡椒，起司乳化。
6. 盛盤後加上巴西里葉、刨上檸檬皮裝飾，完成。

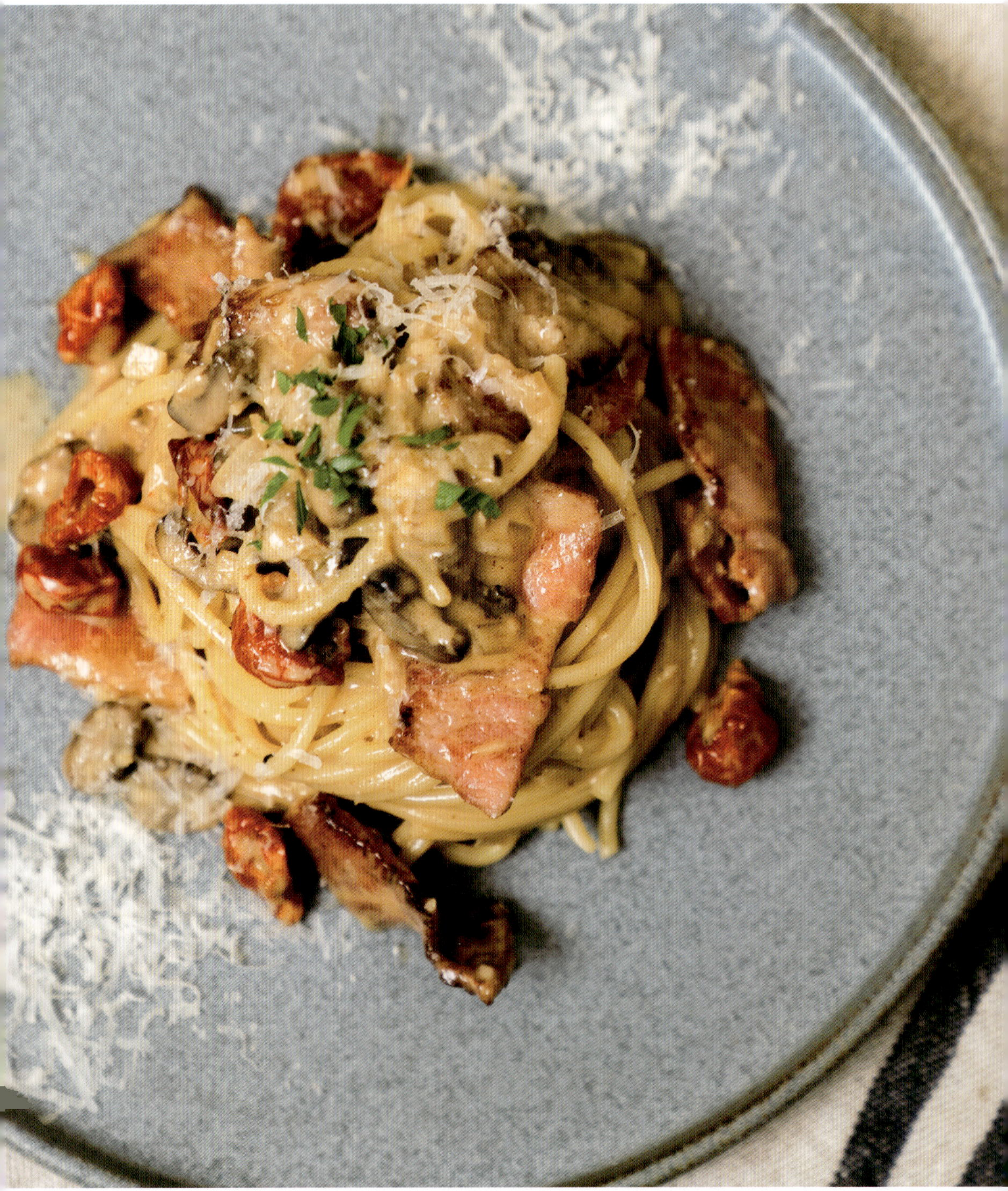

培根巴薩米克醋奶油義大利麵

巴薩米克醋除了搭配沙拉及麵包外，
與鮮奶油結合後的滋味也是不錯，
還可以把培根換成煙燻鴨胸，
美味再升級！

▍材料

1. 培根⋯1片
2. 洋蔥⋯1/4顆
3. 蒜頭⋯3顆
4. 巴薩米克醋膏⋯1大匙
5. 奶油⋯20g
6. 風乾小番茄⋯8～10顆
7. 蘑菇⋯4顆（切片）
8. 義大利直麵⋯130g
9. 鮮奶油⋯30g
10. 鹽⋯少許
11. 黑胡椒⋯少許
12. 帕達諾起司⋯適量

▍作法

1. 取一個平底鍋，無油煎香培根片後取出。
2. 同鍋加入奶油炒香蒜頭及洋蔥。
3. 接著加入風乾小番茄及蘑菇片。
4. 淋上巴薩米克醋膏、鹽、黑胡椒，加入半匙麵水及鮮奶油。
5. 加入煮好的義大利麵拌炒收汁。
6. 最後刨入帕達諾起司乳化。

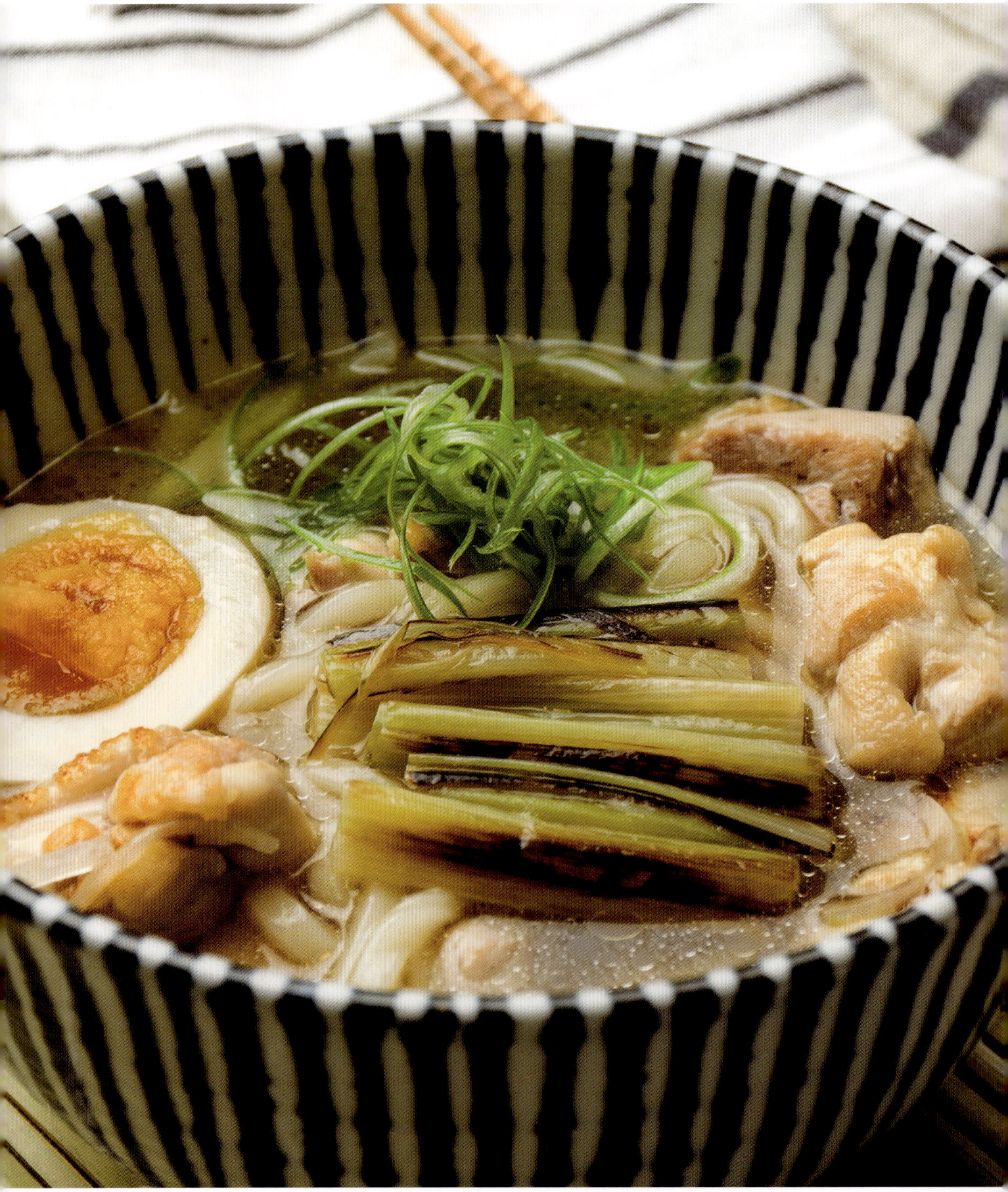

焦蔥湯雞肉烏龍麵

把青蔥煎至焦化後,單吃也許會有點苦,
但沖入高湯煨煮,那就是濃郁風味的來源。

▌材料

1. 蔥白⋯3根(對切)
2. 洋蔥⋯1/3顆
3. 薑⋯2片(切絲)
4. 去骨雞腿⋯1片
5. 雞湯⋯400g
6. 柴魚醬油⋯1大匙
7. 冷凍烏龍麵⋯1包
8. 蔥綠(切絲)
9. 溏心蛋⋯半顆

▌作法

1. 取一鍋水煮滾後,加入一碗冷水並放入一顆室溫蛋,轉中火煮約7分鐘,煮完沖冷水剝殼備用。
2. 再取一個不沾鍋,從冷鍋冷油將雞腿排皮面向下煎至金黃,取出後皮朝下切塊備用。
3. 同鍋再加入一點油,將蔥白煎至深褐色取出備用。
4. 接著炒香洋蔥、薑絲。
5. 加入柴魚醬油、雞湯煮滾。
6. 加入冷凍烏龍麵、雞腿肉塊,蓋上鍋蓋燜煮約3分鐘。
7. 起鍋後加上半顆溏心蛋和蔥絲完成。

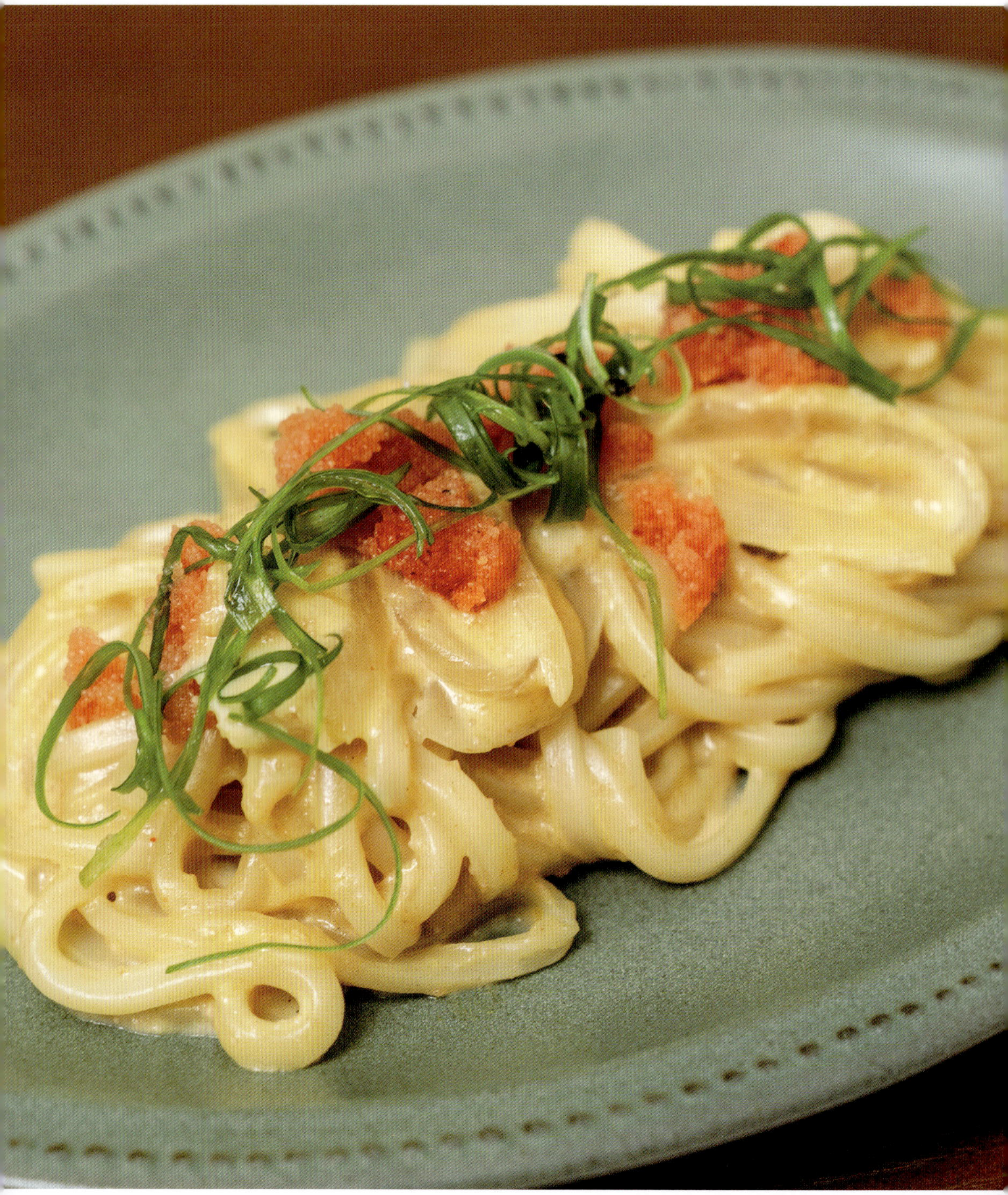

明太子奶油雞肉烏龍麵

用西餐的作法,
使用蛋黃跟起司能增加濃稠度,
除了能減少鮮奶油的用量,
味道也更為厚實。

材料

1. 奶油…10g
2. 洋蔥…半顆（切絲）
3. 明太子…半副
4. 蒜頭…4〜5顆（切碎）
5. 水…100g
6. 冷凍烏龍麵…1包
7. 鮮奶油…50g
8. 柴魚醬油…1大匙
9. 起司粉…1大匙
10. 蛋黃…1顆
11. 蔥絲…適量

作法

1. 取一深鍋,鍋內放入奶油炒香洋蔥及蒜頭。
2. 加入柴魚醬油、水煮滾。
3. 加入冷凍烏龍麵、鮮奶油,蓋上鍋蓋燜煮約3分鐘。
4. 關火加入起司粉、蛋黃及明太子拌勻。
5. 最後加上蔥絲,再鋪上點明太子完成。

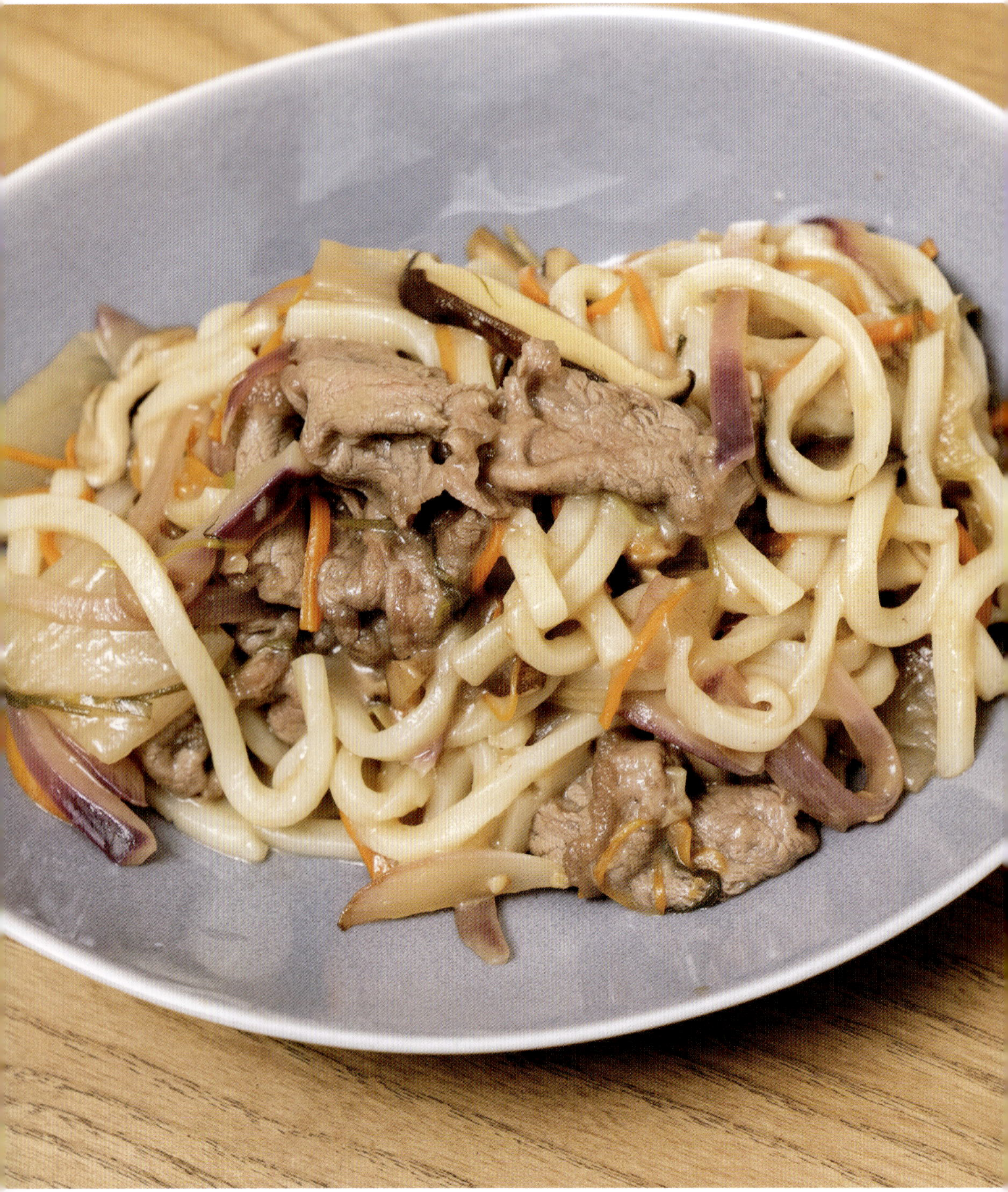

酸白菜牛肉烏龍麵

酸白菜也是一個很經典的酸性食材，
放在湯裡，湯頭會甘醇，
放入炒麵裡，會讓你吃起來超涮嘴！

材料

1. 牛小排肉片…100g
2. 紫洋蔥…半顆（切絲）
3. 酸白菜…100g（切絲）
4. 大蒜…2瓣（切末）
5. 薑…2片（切絲）
6. 胡蘿蔔…1/5條（切絲）
7. 雞湯…100g
8. 醬油…1小匙
9. 米酒…1小匙
10. 鹽…適量
11. 白胡椒粉…適量
12. 糖…1茶匙
13. 食用油…適量
14. 冷凍烏龍麵…1包
15. 醋…適量

作法

1. 牛肉片用醬油、米酒，一點食用油醃製。
2. 在鍋中加熱適量油，將牛肉片快速炒至半熟取出備用。
3. 同鍋炒香薑絲及蒜末。
4. 加入洋蔥絲、胡蘿蔔絲拌炒。
5. 加入酸白菜絲翻炒均勻 然後加入糖、鹽、胡椒粉調味。
6. 倒入雞湯，煮沸後改小火煮5分鐘，讓酸白菜的味道充分釋放。
7. 煮沸後加入冷凍烏龍麵，蓋上鍋蓋燜煮三分鐘。
8. 開蓋後開大火收汁。
9. 加入牛肉片、淋上一點醬油及鍋邊醋，拌勻後即可關火。

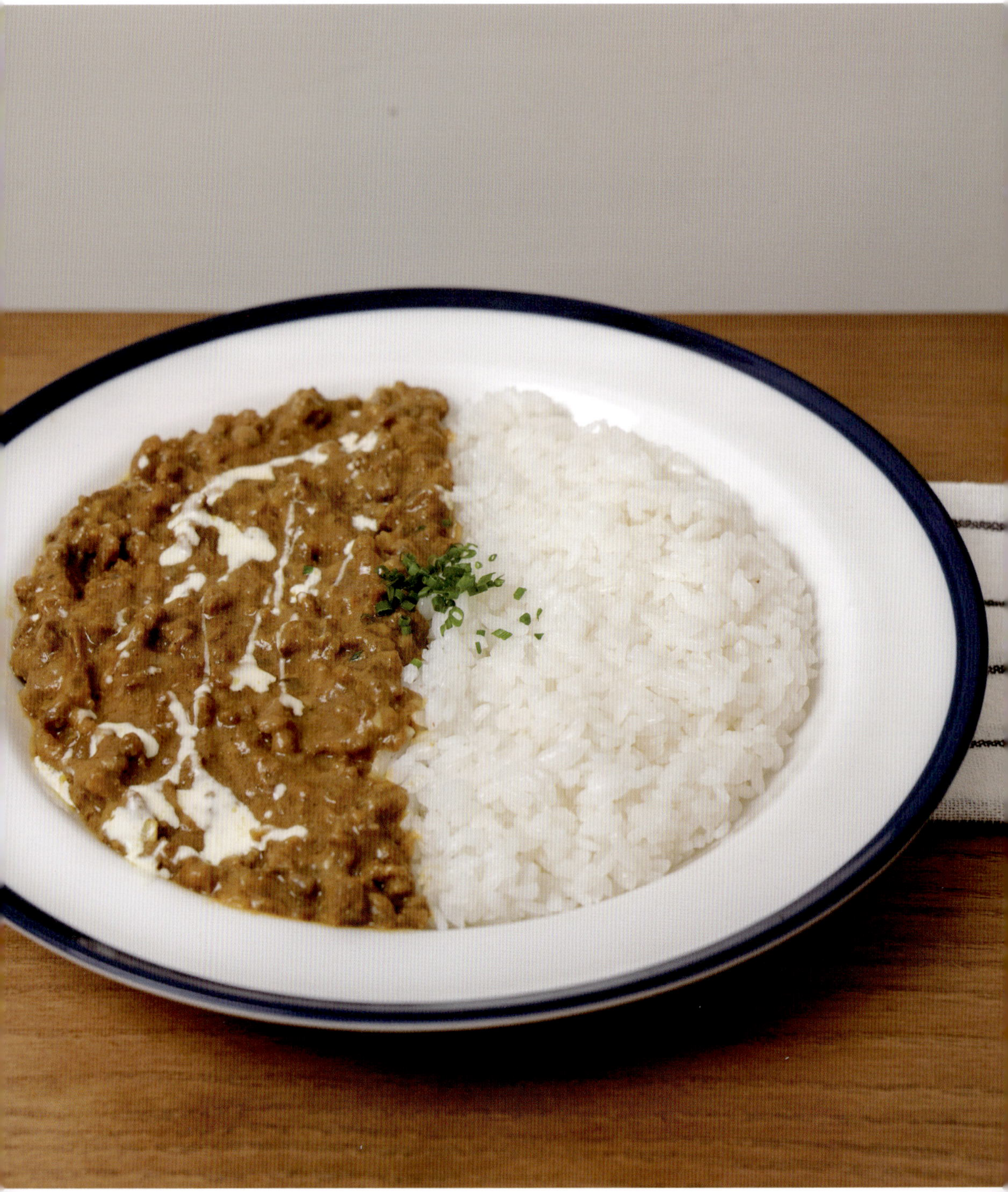

牛奶絞肉咖哩飯

快速版便當料理非它莫屬，
教你以速成的方式做出濃郁咖哩！

▌材料

1. 牛絞肉…1盒
2. 洋蔥…半顆（切碎）
3. 奶油…10g
4. 大蒜…2瓣（切末）
5. 胡蘿蔔…1/5（切碎）
6. 咖哩塊…4塊
7. 中濃醬…2匙
8. 牛奶…200g

▌作法

1. 起一個平底鍋，熱鍋加油，炒香牛絞肉，炒香後取出備用。
2. 另一鍋奶油炒透洋蔥，接著加入蒜頭，再加入胡蘿蔔碎炒香後取出備用。
3. 將炒好的辛香料加入牛絞肉那鍋。
4. 加入中濃醬及咖哩塊，炒至均勻。
5. 加入牛奶煮至想要的濃稠度即可。
6. 盛一碗白飯，好好享用吧！

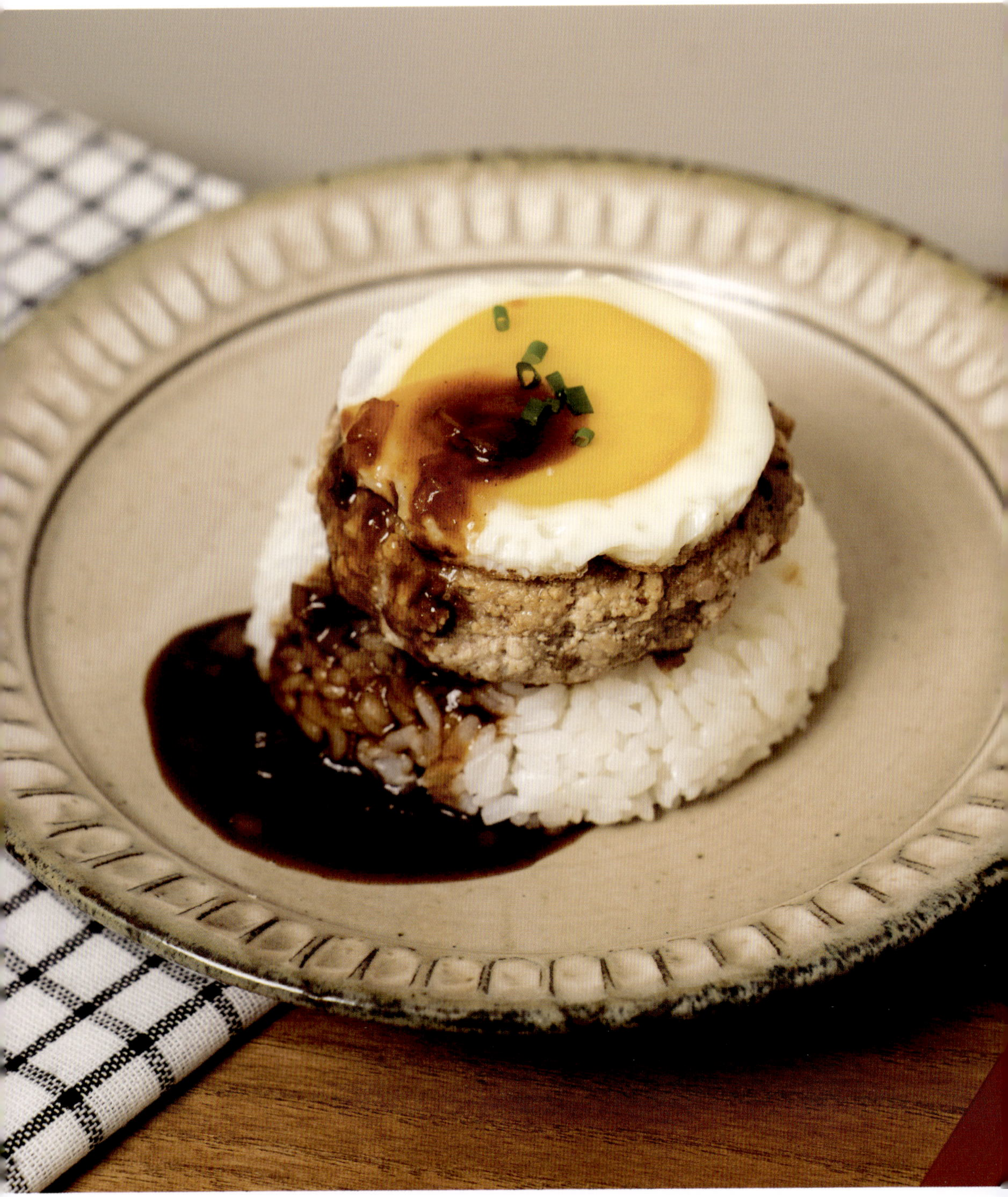

豆腐漢堡排蓋飯

小朋友跟大人都會喜歡的口味,
用豆腐製作比起傳統日式漢堡排更加的清爽,
口感也較為緊實。

▌材料

1 豬絞肉…1盒
2 豬背脂…100g
3 雞蛋…1顆
4 豆腐…1/2塊
5 九層塔…5～8片(切碎)
6 黑胡椒…適量
7 鹽…4g
8 紅椒粉…適量
9 半熟荷包蛋…1顆

薑燒醬

1 薑泥…10g
2 醬油…25g
3 清酒…5g
4 糖…20g
5 水…60g
6 片栗粉水…適量

▌作法

1 取一個大碗將材料1～8混合均勻,並揉絞出黏性。
2 雙手抹油把漢堡排肉團捏圓形,並反覆來回摔打排出空氣,約十數次後將其塑形成圓餅狀。
3 在漢堡排肉團下鍋前,先在中心處按壓出一個凹洞,可以讓漢堡排更輕鬆煎熟。
4 加入一點油熱鍋後,把漢堡排肉團下鍋,用大火將兩面煎至上色,各翻一次面即可。
5 當漢堡排兩面煎熟後,轉為中小火,再加入少許的水、蓋上鍋蓋,以半蒸煎的方式燜煮約 5 分鐘。
6 起鍋前可以先拿筷子或叉子在中心最厚的地方戳一戳,若流出的肉汁是清澈褐色即代表熟了。
7 將薑燒醬材料1～5放入鍋內煮滾,最後用片栗水稍微勾芡即可。
8 盛上白飯,放上漢堡排、淋上醬汁,再來一顆半熟荷包蛋,就完成嘍!

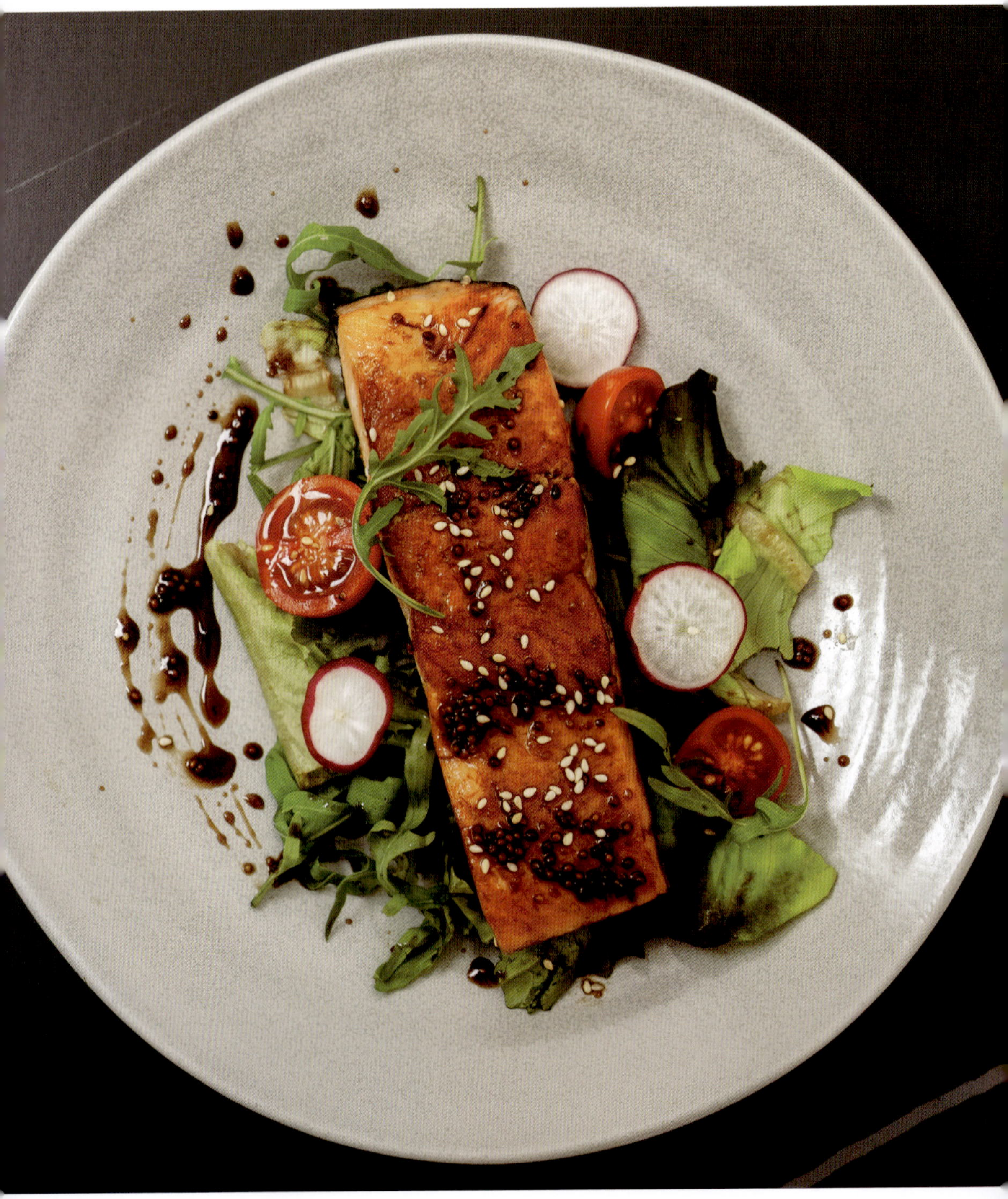

楓糖照燒鮭魚

偶爾不想吃澱粉想吃多一點蛋白質就是它了！
蜜汁應該是任誰都無法抗拒的調味方式，
還好只配生菜，不然又會多嗑幾碗白飯了。

▌材料

1. 鮭魚菲力…180g
2. 生菜（番茄、櫻桃蘿蔔、芝麻葉等）
3. 楓糖…2大匙
4. 醬油…2大匙
5. 黃芥末籽…1匙
6. 味醂…1匙
7. 蒜頭…2顆（切碎）

▌作法

1. 將鮭魚排用紙巾輕輕擦乾，然後在雙面均勻撒上少許鹽和黑胡椒，醃製約10分鐘。
2. 取個容器，混合材料3～7。
3. 鮭魚醃製10分鐘後表面會微微出水，記得把魚肉擦乾喔！這樣的鮭魚也比較不腥。
4. 使用不沾鍋將表皮煎至酥脆，再煎肉面及側面，每面約2～3分鐘，可以用肉針或筷子插進去中央，溫熱即可，不能是燙喔！煎完取出備用。
5. 同鍋，放入調好的醬汁煮滾，收濃稠。
6. 擺上生菜、放上鮭魚淋上醬汁，就是高蛋白的一餐啦！

The secret to stew
Dinner

CHAPTER 3

晚餐
安柏教你燉出超級美味

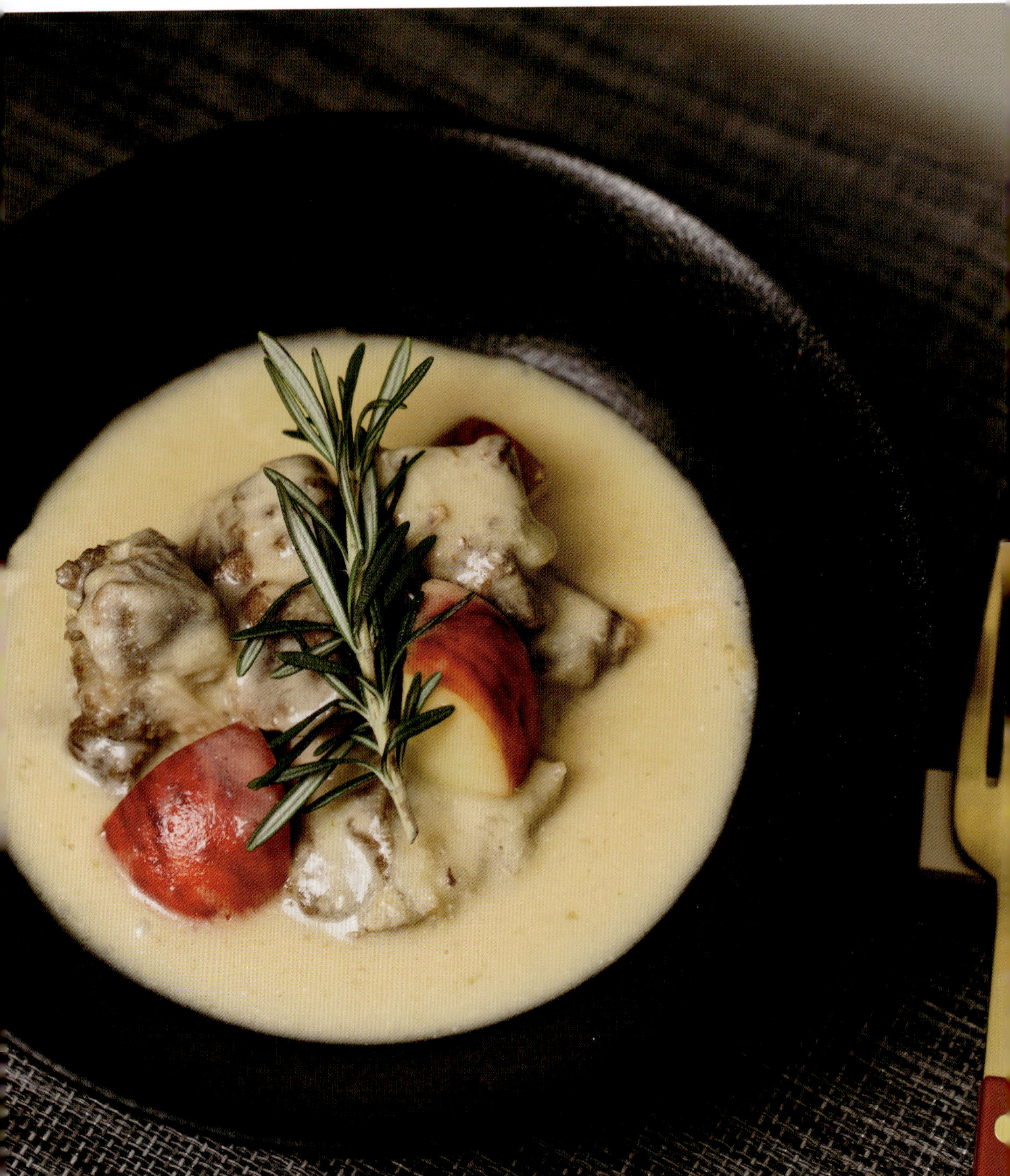

紹興酒奶油燉豬

西餐總是很常見紅酒燉、白酒燉，
我就嘗試中式的料酒能不能也做成西餐，
沒想到用紹興酒做奶醬非常適合！
蘋果的香甜感，更增加了整體的深度與韻味。

材料

1. 奶油…10g
2. 初榨橄欖油…20g
3. 洋蔥…150g
4. 蒜頭…5 顆（切片）
5. 蘋果…2顆
6. 紹興酒…200g
7. 小茴香…5g
8. 雞湯…450g
9. 鹽…15g
10. 迷迭香…3g
11. 鮮奶油…250g
12. 豬梅花…500g
13. 麵粉（高低筋都可以）…適量

作法

1. 豬肉吸乾水分切塊並在表面均勻撒上麵粉。
2. 取一深鑄鐵鍋，用初榨橄欖油稍微將豬肉煎上色後取出備用。
3. 同鍋放入奶油，融化後以中火炒香蒜片及洋蔥。
4. 稍微炒透後就可以加入豬肉塊、並熗入紹興酒。
5. 加入雞湯、小茴香、迷迭香及鹽後燉煮約90分鐘。
6. 90分鐘後將肉取出，湯料過濾，加入鮮奶油、切塊的蘋果，再煮約20分鐘即可完成。
7. 起鍋前可用大火收至濃稠，或是添加片栗粉水至濃稠。
8. 最後將豬肉、醬汁、蘋果組裝就可以上桌啦！

燉煮類不會一開始就加入很多麵粉，因為濃稠醬汁的穿透力沒這麼好，需要烹調的時間會更久，通常都是最後再處理濃度。
方法很多！可以做 1：1 的奶油麵粉糊；也可以用片栗粉水或是麵粉水，使用片栗粉水的好處就是不會反水（芡汁化成水），加熱後還是能維持一樣的稠度。

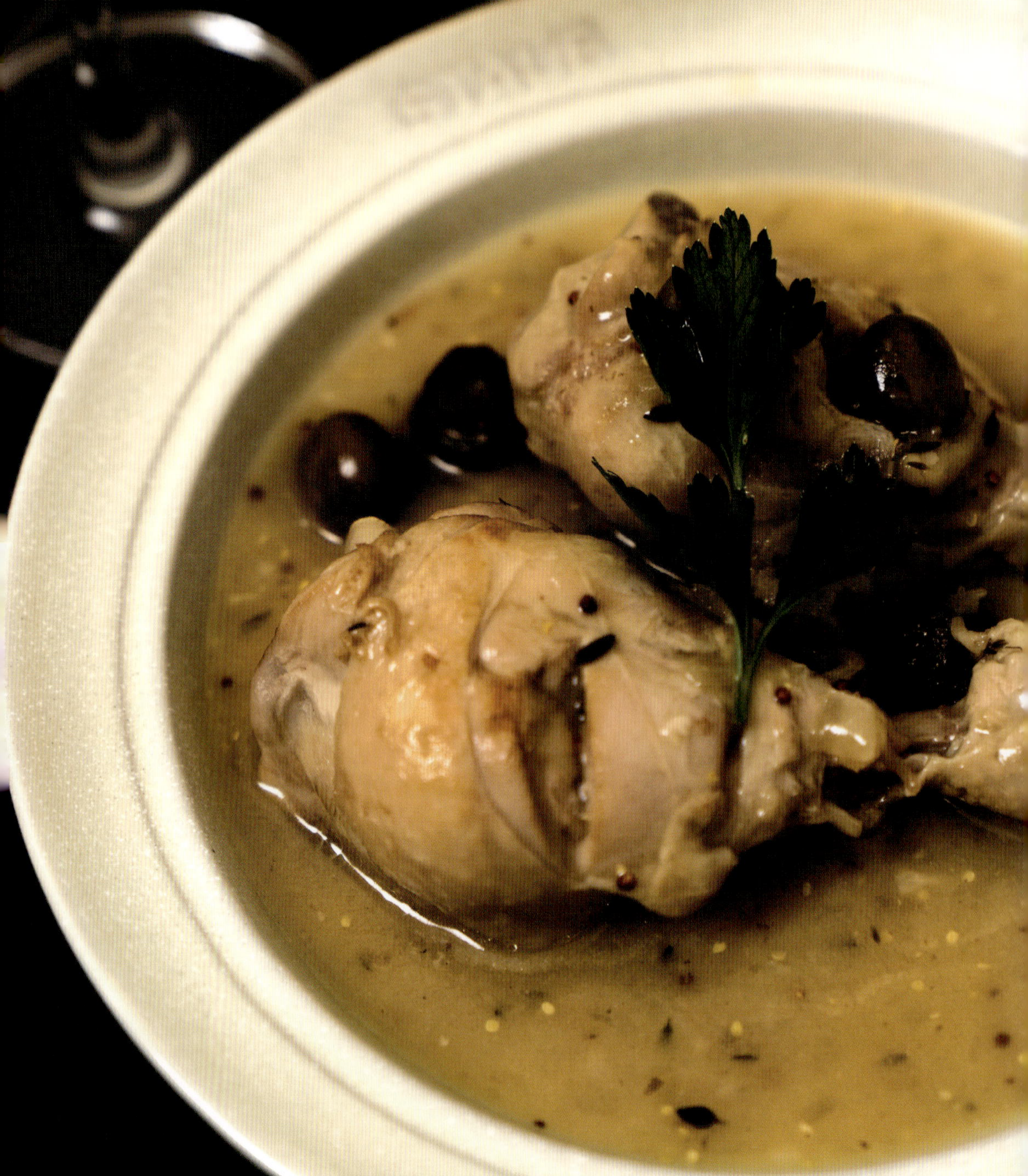

芥末籽白酒燉雞

這是一道非常傳統的法國菜,雖然食材看似都是酸性的,
但經過時間烹調與雞汁的融合,鮮味大大提升,
與鮮奶油融合後味道變得更加柔和!

▌材料

1. 台灣棒棒腿(大隻)…4隻(要台灣的喔!比較新鮮!國外的通常都是冷凍肉!)
2. 初榨橄欖油…20g
3. 奶油…10g
4. 洋蔥…150g
5. 蒜頭…4顆(切碎)
6. 白酒…200g
7. 蘑菇…50g
8. 雞湯…500g
9. 鹽…15g
10. 百里香…4根
11. 鮮奶油…250g
12. 黃芥末籽…1大匙
13. 低筋麵粉…適量

▌作法

1. 棒棒腿在表面均勻撒上麵粉及鹽。
2. 取一深鑄鐵鍋,用初榨橄欖油稍微將棒棒腿煎上色後取出備用。
3. 同鍋再放入奶油融化後,中火炒香蒜頭及洋蔥。
4. 加入蘑菇,稍微炒一下。
5. 熗白酒加入雞湯、鮮奶油、黃芥末籽、百里香、棒棒腿燉煮約30分鐘。
6. 最後取出棒棒腿,濃縮醬汁並且調味就完成嘍!

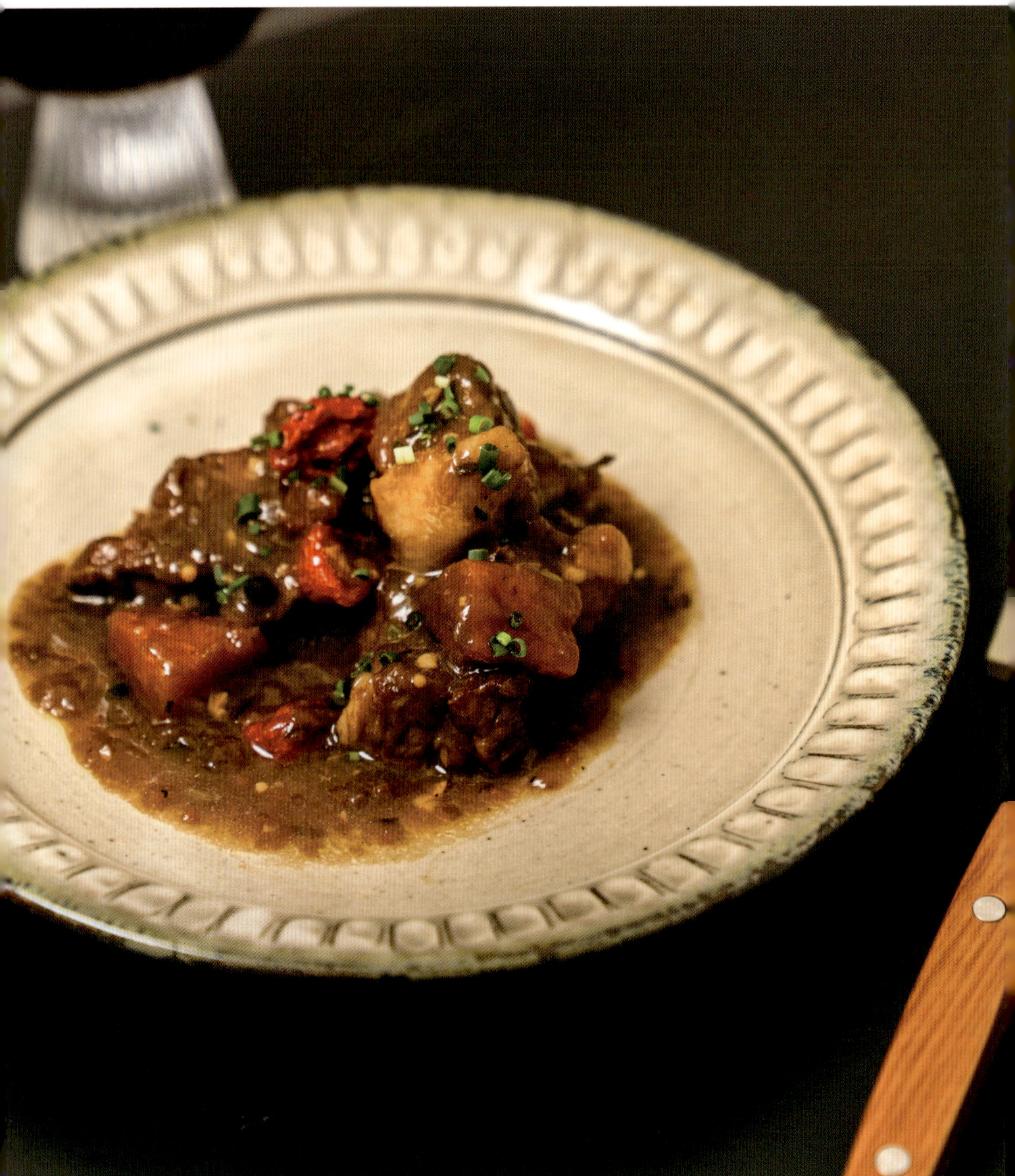

黑啤酒燉豬

黑啤酒濃郁的麥香，微微的苦味跟這麼多蔬菜的甜味，
形成一個有趣的對比，
燉出來又香又濃，非常適合在冬天大口扒飯，
丁香中藥材店都買得到喔。

▌材料

1. 豬肋條…500g（切塊）
2. 黑啤酒…300g
3. 洋蔥…1顆
4. 西洋芹…150g
5. 胡蘿蔔…150g
6. 蒜頭…10顆（切碎）
7. 月桂葉…1片
8. 丁香…3粒
9. 黑胡椒…1/2小匙
10. 巴薩米克醋…2大匙
11. 黑糖…2小匙
12. 鹽…適量
13. 蝦夷蔥…少量（裝飾）

▌作法

1. 取一深鑄鐵鍋，熱鍋後加些許初榨橄欖油，將豬肋條煎至上色，取出備用。
2. 同鍋放入洋蔥丁、西洋芹丁、胡蘿蔔丁、蒜頭炒軟。
3. 煎好的豬肋條放回鍋中，接著倒入巴薩米克醋、黑啤酒、月桂葉、丁香、黑糖以及黑胡椒、鹽，中火煮滾後轉小火加蓋燉煮約1小時。
4. 上桌前再撒上蝦夷蔥裝飾即可。

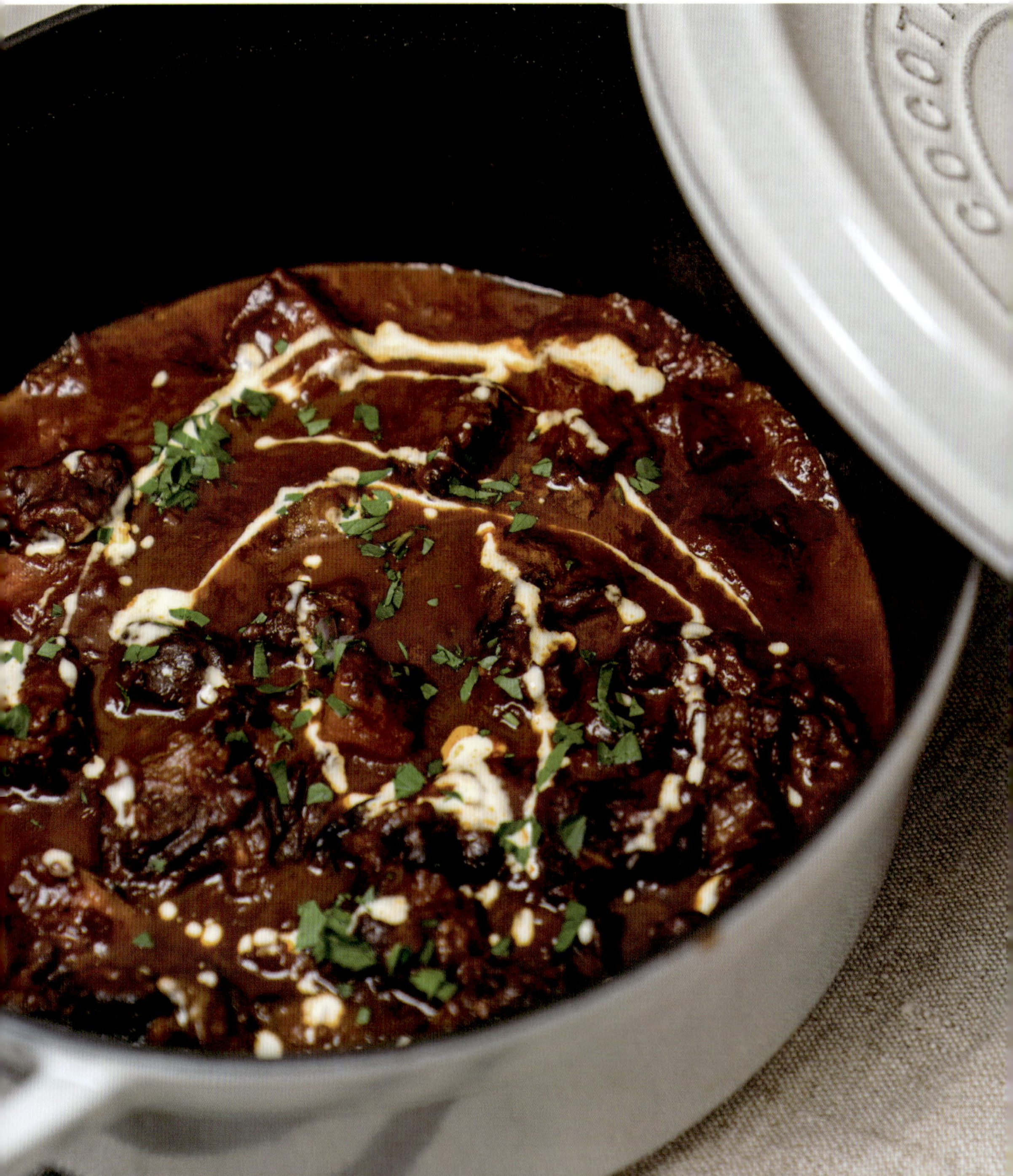

紅酒慢燉牛肋

這應該是全台灣最受歡迎的燉煮料理吧（笑），
紅酒我喜歡用美國的，有成熟的黑醋栗和黑莓的果香味，
當然也是比較便宜，入菜很適合呢！

▍材料

1. 洋蔥⋯1顆
2. 胡蘿蔔⋯1/2根
3. 西洋芹⋯3根
4. 大蒜⋯5顆（切碎）
5. 培根⋯100g
6. 蘑菇⋯200g
7. 牛肋條⋯800g（切塊）
8. 紅酒⋯600～650ml（看個人）
9. 麵粉⋯2大匙
10. 番茄糊⋯2湯匙
11. 番茄泥⋯200g
12. 雞高湯⋯500ml（蓋過肉即可）
13. 月桂葉⋯2～3片
14. 百里香⋯1把
15. 迷迭香⋯1把
16. 巴西里⋯少許
17. 鹽⋯少許
18. 糖⋯少許
19. 黑胡椒⋯少許
20. 鮮奶油⋯少許

▍作法

1. 取一平底鍋加點初榨橄欖油炒香培根，接著倒入一個鑄鐵深鍋。
2. 同個平底鍋炒香洋蔥、西芹、胡蘿蔔、蘑菇，炒透後再加入蒜碎，炒完倒入作法1的鑄鐵鍋。
3. 牛肋條擦乾撒點鹽跟黑胡椒及麵粉，放入熱鍋熱油中煎至上色後放入鑄鐵鍋。
4. 原鍋放入番茄糊，稍微用油炒過，再加入紅酒，大火縮至一半，放入鑄鐵鍋。
5. 鑄鐵鍋內加入番茄泥、雞湯、月桂葉、百里香、迷迭香、鹽、糖、黑胡椒。
6. 蓋上鍋蓋煮滾後轉中火燉煮1個半小時。
7. 上桌前撒上巴西里碎，淋上一點鮮奶油即可。

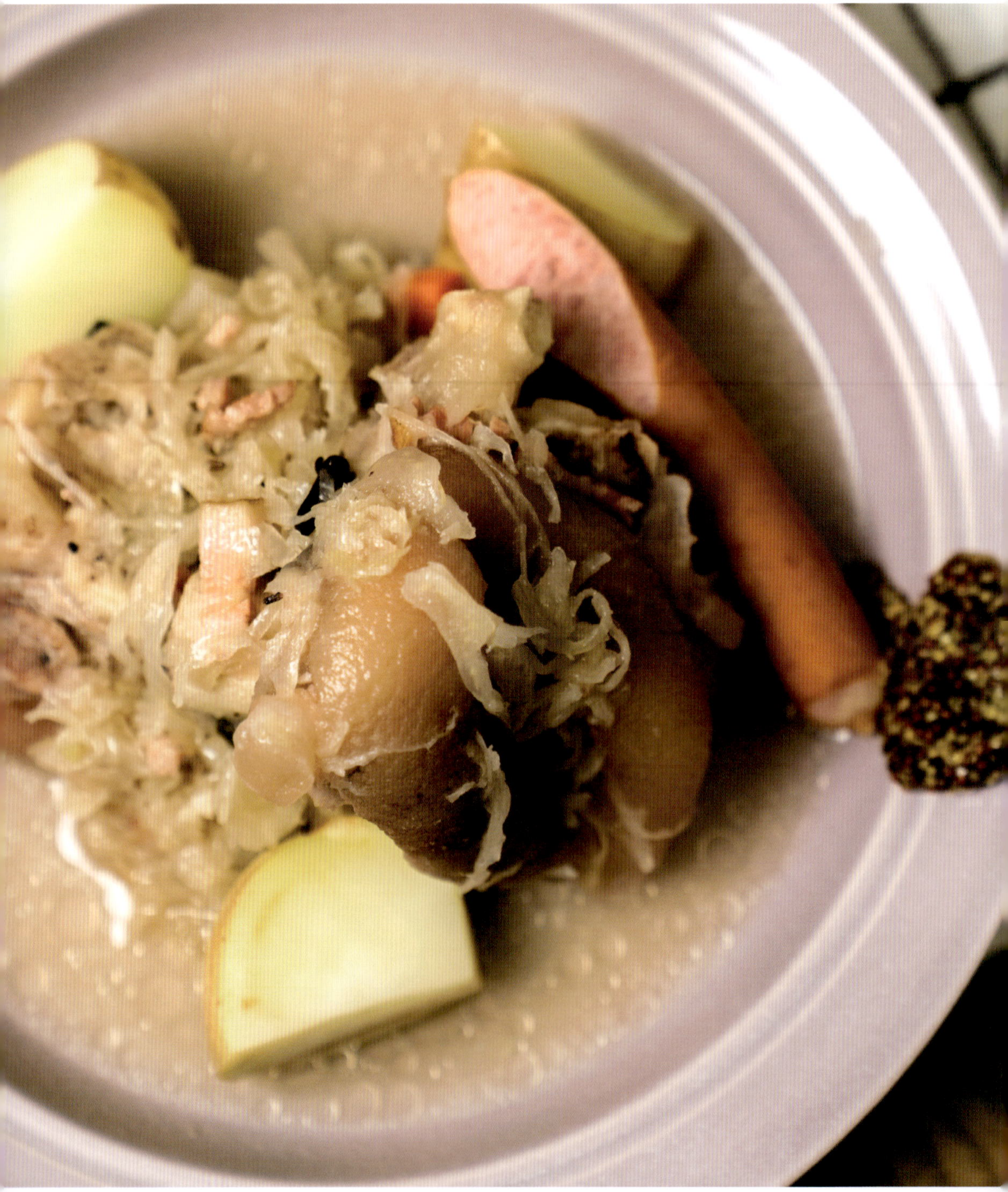

酸菜燉豬腳

阿爾薩斯酸菜燉豬腳（Choucroute Garnie）是一道法國阿爾薩斯地區的傳統菜餚，以豬腳、香腸等肉類與酸菜為主料，再搭配各種香料燉煮而成。這道菜餚香氣撲鼻，豬腳軟爛入味，酸菜酸爽開胃，非常適合在寒冷的冬天享用。

▎材料

1. 豬腳⋯1隻
2. 德式香腸⋯2根
3. 培根⋯50g（切片）
4. 酸菜⋯200g（約2罐）
5. 洋蔥⋯1個（切絲）
6. 胡蘿蔔⋯半根（切塊）
7. 馬鈴薯⋯2個（可選）
8. 白葡萄酒⋯500ml
9. 雞湯⋯500ml
10. 蒜頭⋯4瓣（切末）
11. 月桂葉⋯2片
12. 百里香⋯3支
13. 杜松子⋯1茶匙
14. 黑胡椒粒⋯1茶匙
15. 鹽⋯適量
16. 黑胡椒粉⋯適量
17. 初榨橄欖油⋯40g
18. 法式芥末醬⋯適量（配菜）

▎作法

1. 將豬腳用清水沖洗乾淨，然後放入鑄鐵鍋中，加入足夠的水覆蓋豬腳。
2. 加熱至水沸騰，燙煮5分鐘去除血水和雜質，然後撈出豬腳，用冷水沖洗乾淨。
3. 在一個大鍋中倒入初榨橄欖油加熱，加入切片的培根，煎至金黃色，然後撈出備用。
4. 同鍋將香腸稍微煎至表面金黃，然後撈出備用。
5. 同鍋將豬腳煎至表面金黃後撈出。
6. 使用同一鍋，加入洋蔥絲和蒜末，煮炒約5分鐘，直到洋蔥變軟。
7. 加入胡蘿蔔塊，繼續炒2～3分鐘，讓蔬菜稍微變軟。
8. 將酸菜加入鍋中，拌勻與蔬菜混合。
9. 倒入白葡萄酒，煮至沸騰，讓酒精蒸發1～2分鐘。
10. 加入雞湯，攪拌均勻，然後將煎好的豬腳、培根和香腸放回鍋中，確保所有食材浸泡在液體中。
11. 將月桂葉、百里香、杜松子、黑胡椒放入滷包袋並放置鍋內。
12. 將鍋蓋蓋上，用中小火燉煮約1.5至2小時，直到豬腳變得非常軟嫩，並充分吸收了酸菜和香料的風味。
13. 在最後30分鐘加入馬鈴薯塊，讓其煮至軟爛。
14. 將燉好的豬腳、酸菜和其他配料盛入大盤中，搭配法式芥末醬一起上桌。

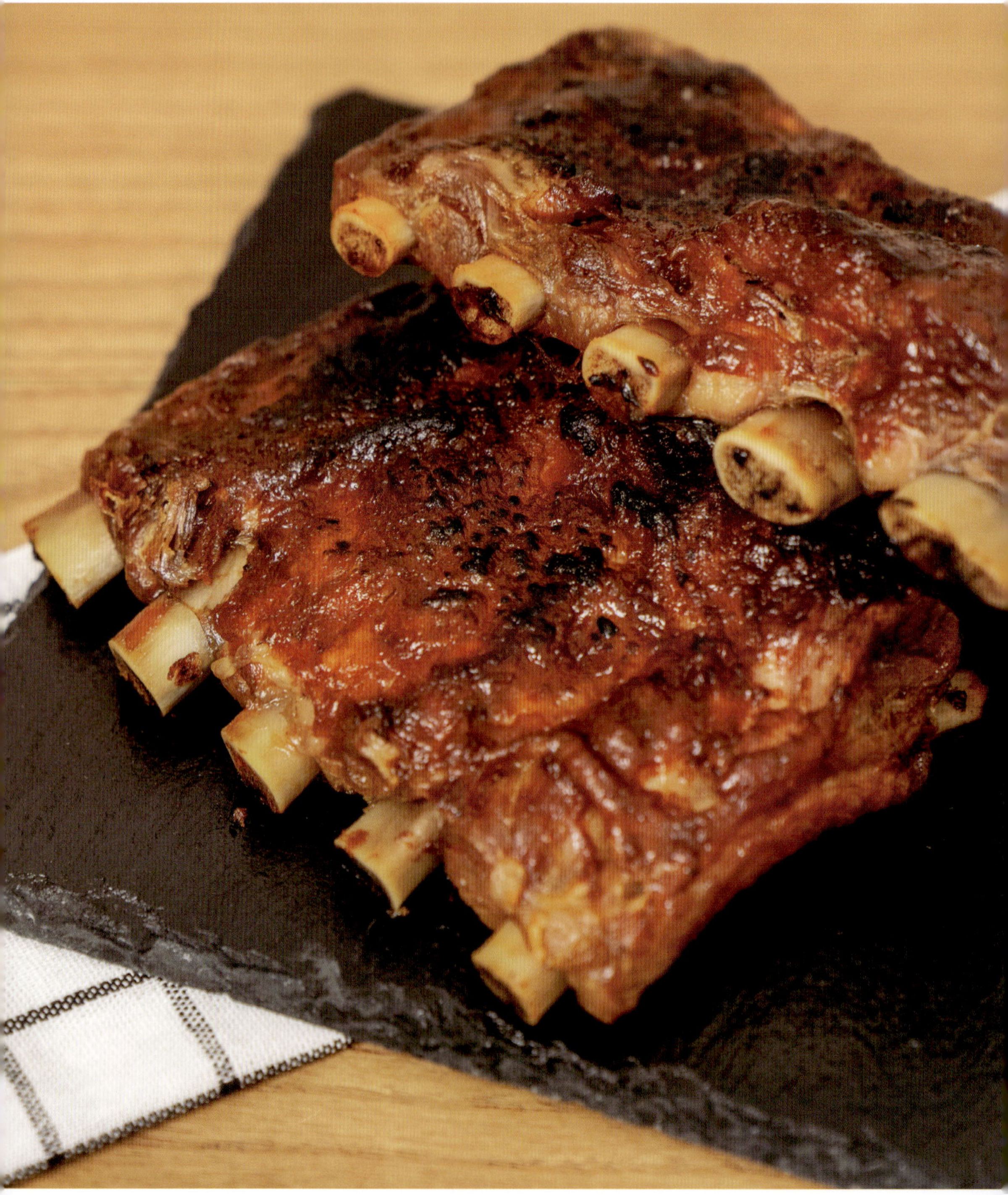

BBQ 烤豬肋排

party 食物來啦！
照我的方法絕對外酥內嫩，醬汁濃郁，
保證會成為聚會上的明星菜肴。

材料

1. 豬肋排…1公斤
2. 2%鹽水
3. 蒜粉…1湯匙
4. 洋蔥粉…1湯匙
5. 煙燻紅椒粉…1湯匙
6. 孜然粉…1茶匙
7. 黑糖…2湯匙
8. 黑胡椒…少許

BBQ醬汁

1. 濃縮咖啡…25g
2. 氏番茄醬…30g
3. 伍斯特醬…10g
4. 黑糖蜜…20g
5. 煙燻紅椒粉…5g
6. 楓糖…5g
7. 蘋果醋…15g
8. 鹽…2g
9. 椒粉…些許
10. 第戎芥末醬…10g
11. 洋蔥粉…10g
12. 蒜粉…5g

作法

1. 將豬肋排的薄膜撕去（這步驟我通常請攤販老闆幫忙）這樣更容易入味。
2. 把肋排放入鹽水泡6～8小時（要放冰箱喔）。
3. 蒜粉、洋蔥粉、煙燻紅椒粉、孜然粉、黑糖、黑胡椒混合成醃料。
4. 從冰箱中取出肋排，擦乾水分再把醃料均勻敷在豬肋排上。
5. 包裹好錫箔紙要完全密封喔！放入烤箱中肉面朝上，為防止水分流失以攝氏160度烤2個半小時。
6. BBQ醬汁製作：取一個小鍋倒入咖啡、番茄醬、伍斯特、黑糖蜜、煙燻紅椒粉、楓糖、蘋果醋、鹽、辣椒粉、第戎芥末醬、洋蔥粉、蒜粉混合。
7. 將小鍋放在中火上，不斷攪拌，煮至醬汁變得濃稠，約5分鐘，將醬汁放涼備用。
8. 兩個小時後取出豬肋排，拆開錫箔紙。用刷子將豬肋排表面刷上BBQ醬汁。
9. 提高烤爐溫度至攝氏200度，將豬肋排放回烤爐，肉面朝上，烤約20分鐘，直到醬汁變得黏稠並且表面稍微焦黃。

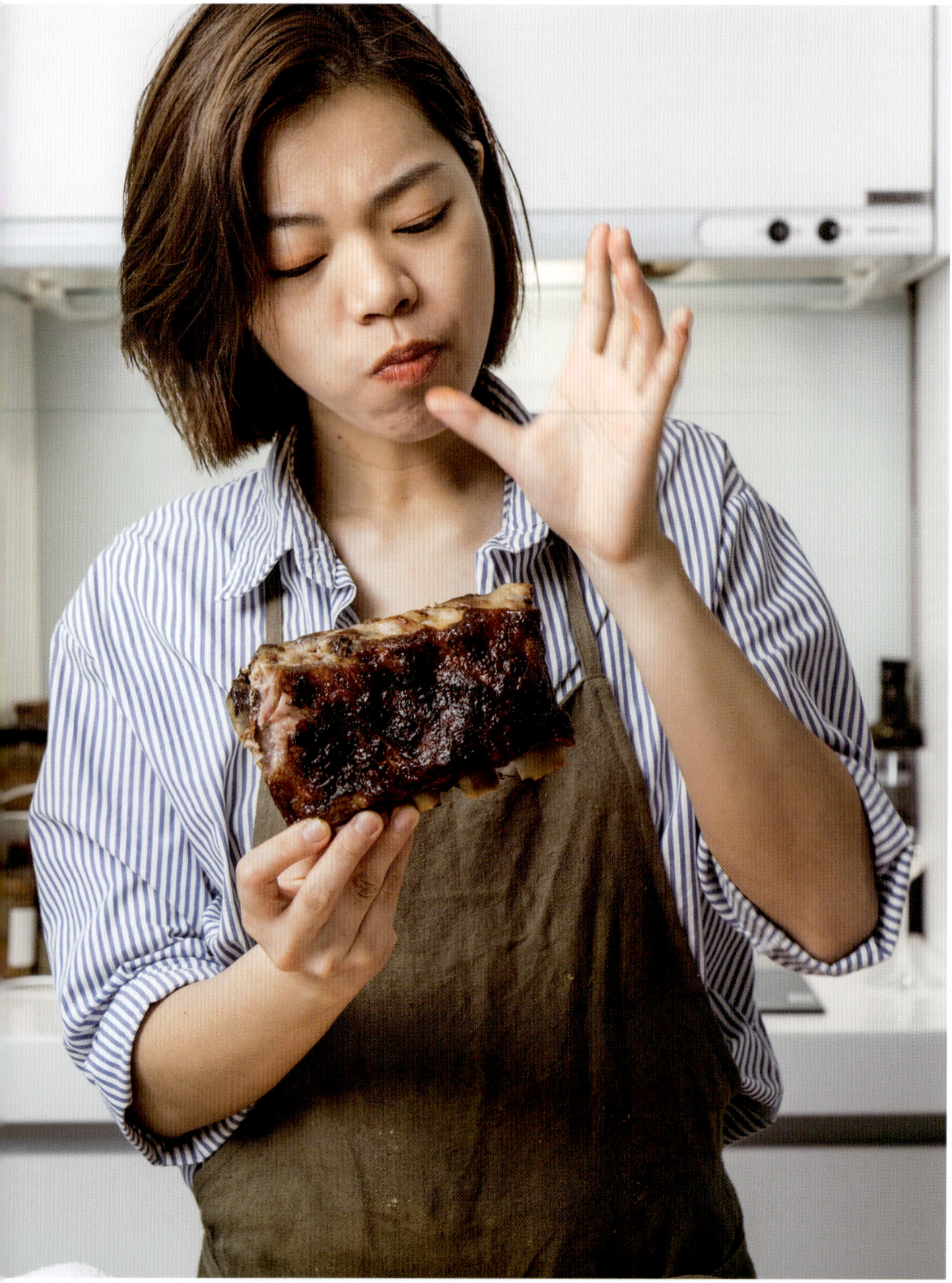

晚餐 | 安柏教你燉出超級美味

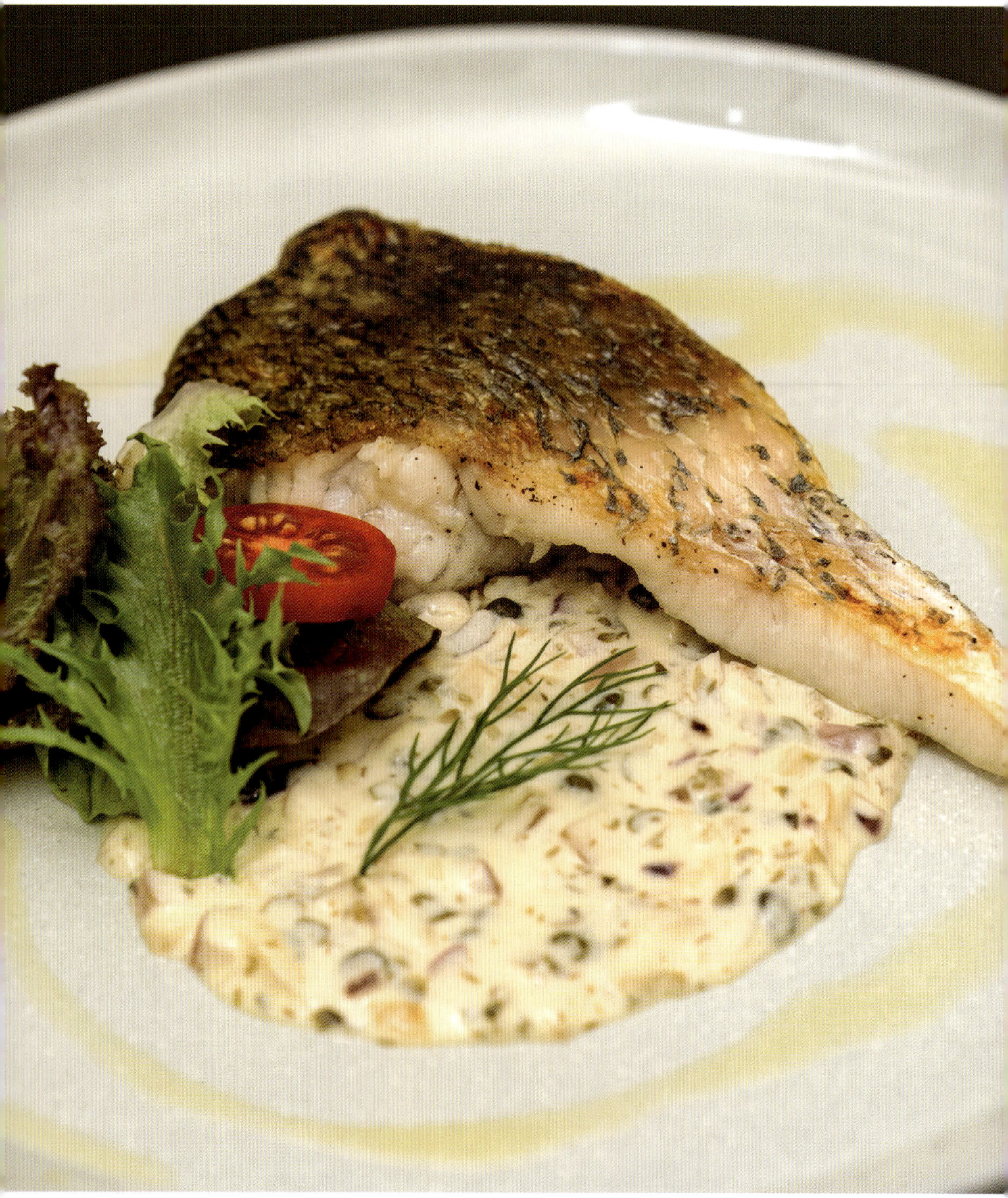

煎鱸魚配酸豆奶醬

酸豆真的是一個很好用的食材，
放在這個奶醬裡，增添了鹹香感與鮮度，
太適合搭配細緻的白肉魚了。

材料

1. 鱸魚⋯1片（約150～180g）
2. 紫洋蔥⋯1/4顆（切碎）
3. 酸豆⋯10g
4. 蒜頭⋯2顆
5. 奶油⋯10g
6. 鮮奶油⋯30g
7. 檸檬汁⋯適量
8. 鹽⋯適量
9. 黑胡椒⋯適量
10. 生菜⋯少許
11. 初榨橄欖油⋯適量

作法

1. 將鱸魚片擦乾，撒上鹽及黑胡椒。
2. 取一平底鍋，熱鍋熱油後鱸魚片皮面朝下加入（可以放一張烘培紙煎）比較不會黏鍋喔！
3. 煎至兩面金黃後取出備用。
4. 同鍋加入奶油炒香蒜頭及紫洋蔥碎。
5. 接著放入酸豆、鮮奶油、檸檬汁，煮至濃稠。
6. 在盤中放上鱸魚再淋上醬汁，旁邊放一些生菜搭配。
7. 最後淋上初榨橄欖油，完成。

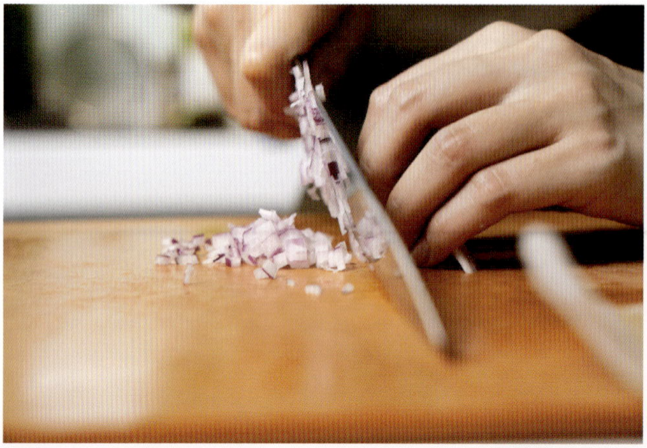
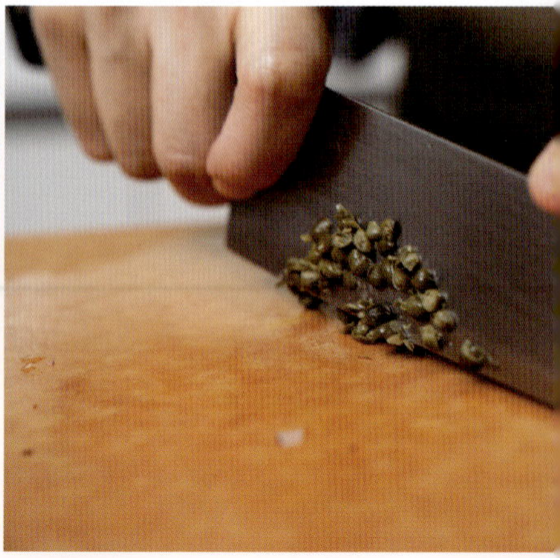
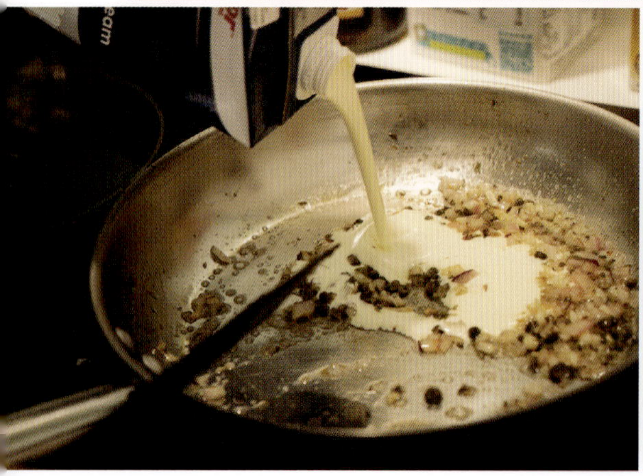
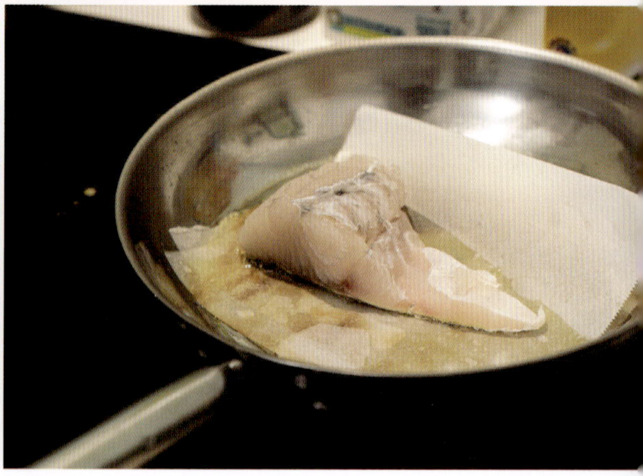

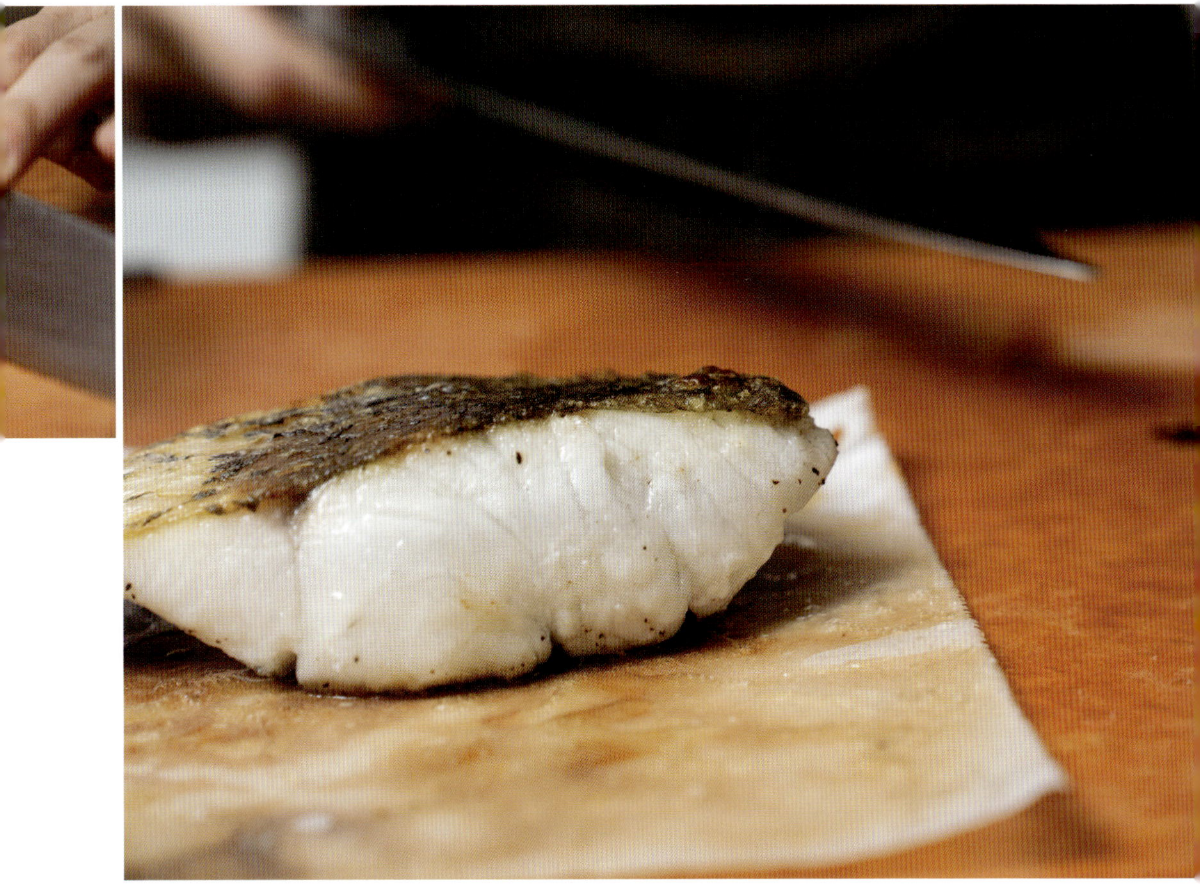

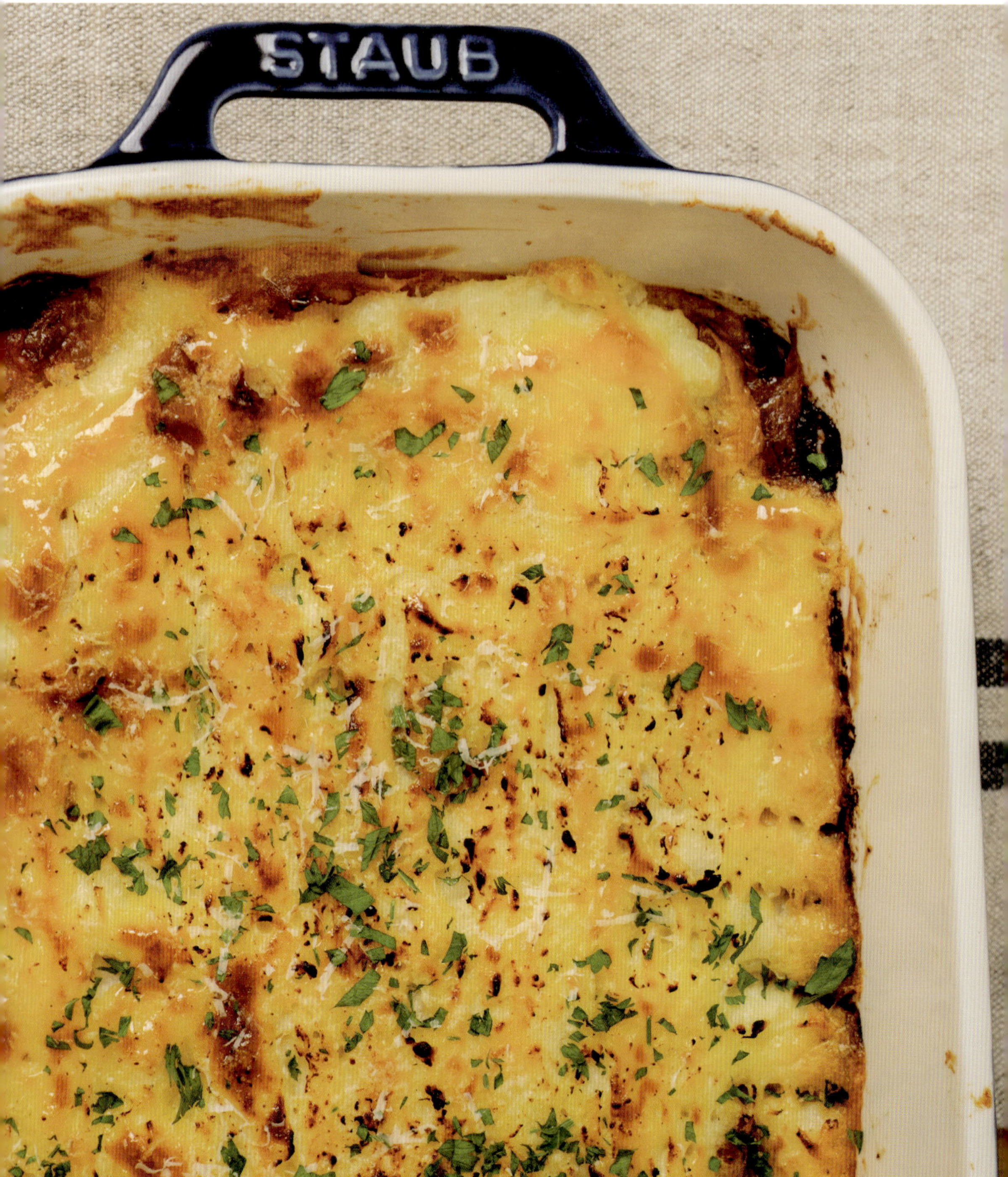
STAUB

牧羊人派

喜歡薯泥的朋友照過來！這一道絕對是不容錯過的！

材料

肉餡

1. 牛絞肉…300g
2. 初榨橄欖油…2湯匙
3. 洋蔥…半顆（切碎）
4. 胡蘿蔔…1/4根（切丁）
5. 西洋芹…1根（切丁）
6. 蒜末…5瓣
7. 番茄糊…20g
8. 雞高湯…120g
9. 紅酒…120g
10. 迷迭香…2根
11. 月桂葉…1片
12. 九層塔…3片
13. 八角…1顆
14. 鹽…8g
15. 糖…6g
16. 黑胡椒…適量

馬鈴薯泥

1. 馬鈴薯…1公斤（去皮切塊）
2. 牛奶…1/2杯
3. 奶油…4湯匙
4. 鹽…適量
5. 黑胡椒…適量
6. 豆蔻粉…些許

其他

1. 蛋黃液…1顆
2. 平葉巴西里碎…少許（裝飾）

作法

製作肉餡

1. 在大鍋中加熱初榨橄欖油，加入洋蔥炒至透明。
2. 加入胡蘿蔔和西洋芹，繼續炒約5分鐘，直到蔬菜變軟。
3. 加入蒜末炒香，約1分鐘。
4. 加入牛絞肉，用中火炒至肉變色，並且水分收乾。
5. 加入番茄糊，攪拌均勻，煮約2分鐘。
6. 倒入紅酒，稍微濃縮一下，也讓酒精揮發，約2分鐘。
7. 將迷迭香、月桂葉、九層塔和八角放進滷包袋內，放入鍋中。
8. 加入雞高湯、鹽、糖、黑胡椒煮沸後轉小火，燉煮約20分鐘，讓味道融合。
9. 最後取出滷包袋，放涼備用。

製作馬鈴薯泥

1. 將馬鈴薯放入大鍋中，加入蓋過馬鈴薯的冷水煮沸，煮至馬鈴薯變軟，約15～20分鐘。
2. 瀝乾馬鈴薯，加入牛奶和奶油，用馬鈴薯壓泥器或叉子搗成泥（這步驟要趁熱，不然會氣死。哈哈哈哈！）。
3. 調入鹽、黑胡椒及豆蔻粉。

組合和烤製

1. 將肉餡均勻地鋪在烤盤底部。
2. 將馬鈴薯泥均勻地鋪在肉餡上，用叉子劃出裝飾性的條紋。
3. 烤箱預熱至攝氏200度。
4. 將烤盤放入預熱好的烤箱，烤約15～20分鐘。
5. 烤完第一次後刷上蛋黃液，輕輕的喔。
6. 再用攝氏220度烤個10～15分鐘直到上色。
7. 最後撒上巴西里碎即完成嘍！

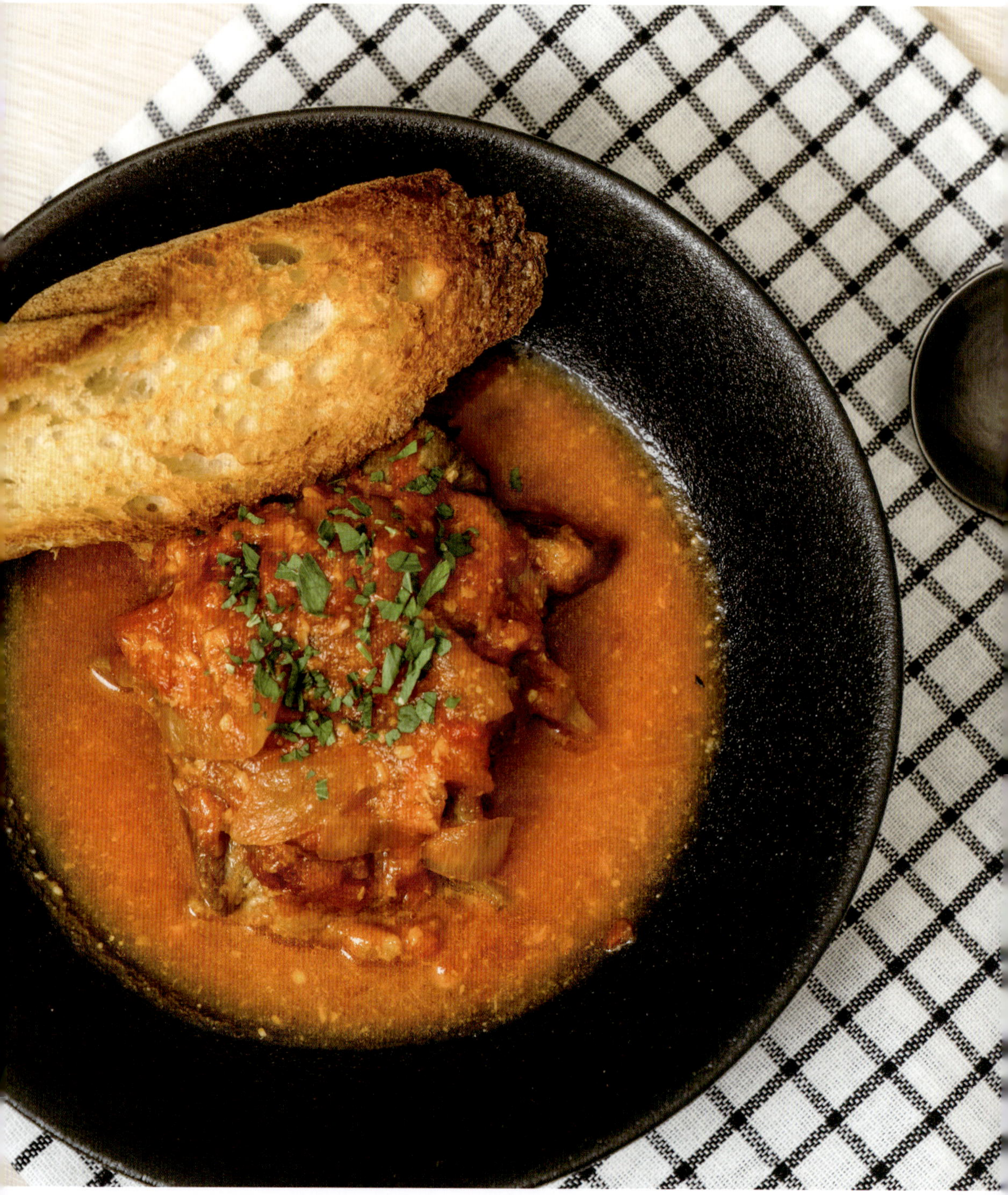

烤蒜番茄豬肉湯

烤過的蒜頭幾乎沒有辛辣感，
轉而是一種溫和的甜味和香氣，
放進湯裡更增添濃郁氣息。

▎材料

1. 月亮軟骨⋯300g
2. 番茄罐頭⋯1罐
3. 雞湯⋯600g
4. 帶皮蒜頭⋯220g
5. 洋蔥⋯1/4顆（切碎）
6. 胡蘿蔔⋯1/4根（切丁）
7. 西洋芹⋯1根（切丁）
8. 月桂葉⋯1片
9. 鹽⋯適量
10. 初榨橄欖油⋯適量
11. 新鮮巴西里葉⋯適量

▎作法

1. 蒜頭連皮，淋上初榨橄欖油用錫箔紙完全包裹住，放入烤箱以攝氏180度烤30分鐘，到完全軟化，有點焦也沒關係。
2. 煮一鍋滾水，汆燙一下月亮軟骨，取出沖生飲水去除雜質。
3. 取一個鑄鐵鍋，放入初榨橄欖油，加入洋蔥炒透炒軟。
4. 接著放入胡蘿蔔及西洋芹，倒入番茄罐頭及雞湯。
5. 烤好的蒜頭因為很軟綿，可以用擠的方式，加入湯裡。
6. 放入月桂葉，煮沸後轉小火，再燉煮約1小時，加入鹽調味再撒上新鮮巴西里葉就完成啦！

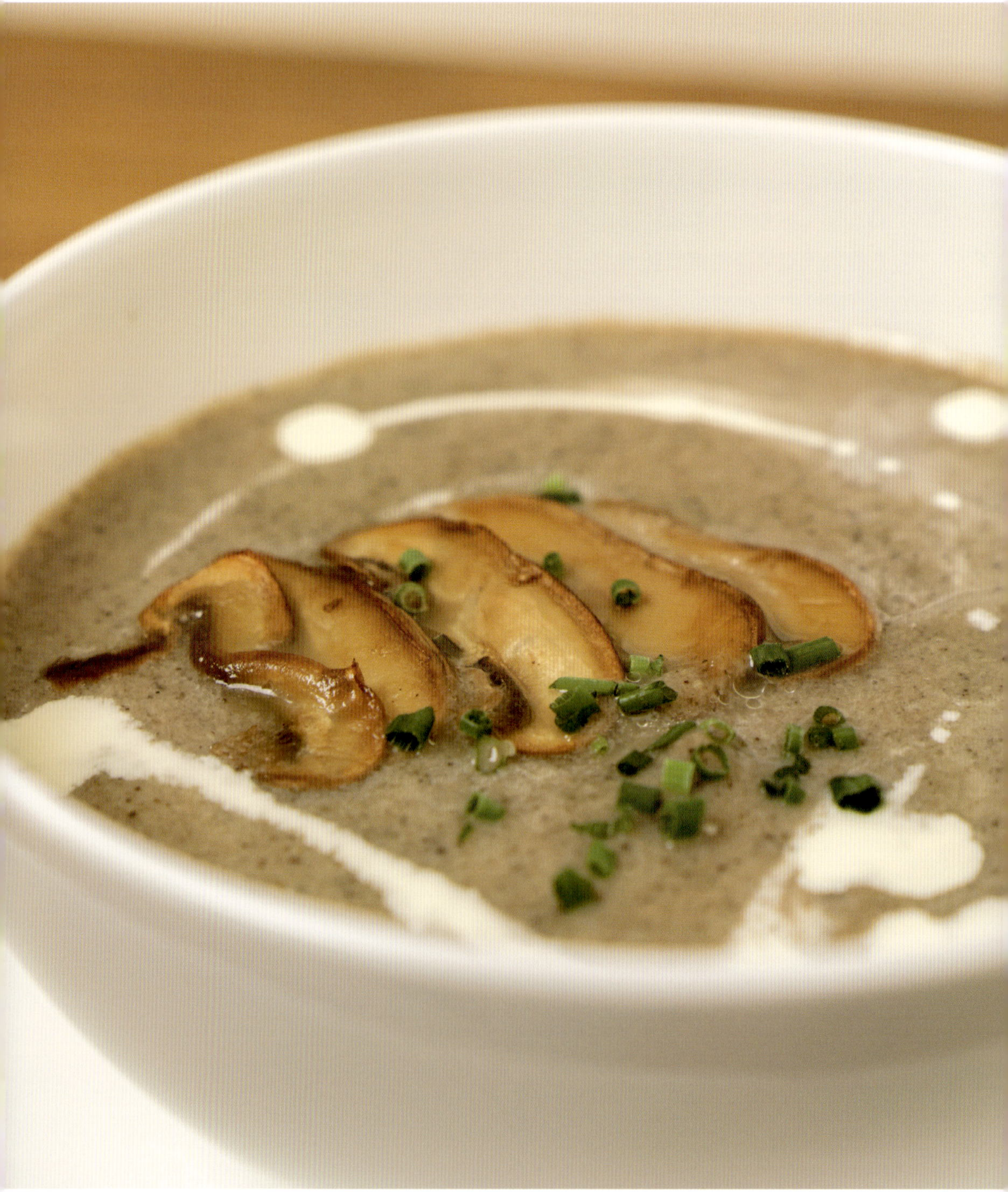

蘑菇馬鈴薯濃湯

這個版本是不加奶的喔！

如果要喝全素，也可以將雞湯換成昆布湯。

▍材料

1. 蘑菇⋯1盒
2. 洋蔥⋯1顆（切絲）
3. 蒜頭⋯3顆（切片）
4. 馬鈴薯⋯1顆（切片）
5. 腰果⋯半杯（泡水至少2個小時）
6. 普羅旺斯香料⋯1小匙
7. 雞高湯⋯500g
8. 松露橄欖油⋯些許

▍作法

1. 取一個鑄鐵鍋，將蘑菇每面都煎到金黃上色。
2. 接著加入洋蔥絲及蒜片拌炒，炒透之後就可以加入雞高湯、腰果、馬鈴薯及普羅旺斯香料。
3. 煮滾之後轉小火，再煮約20分鐘。
4. 煮好後使用調理機打勻，再倒回湯鍋內加熱用鹽調味。
5. 起鍋前淋上松露橄欖油即完成。

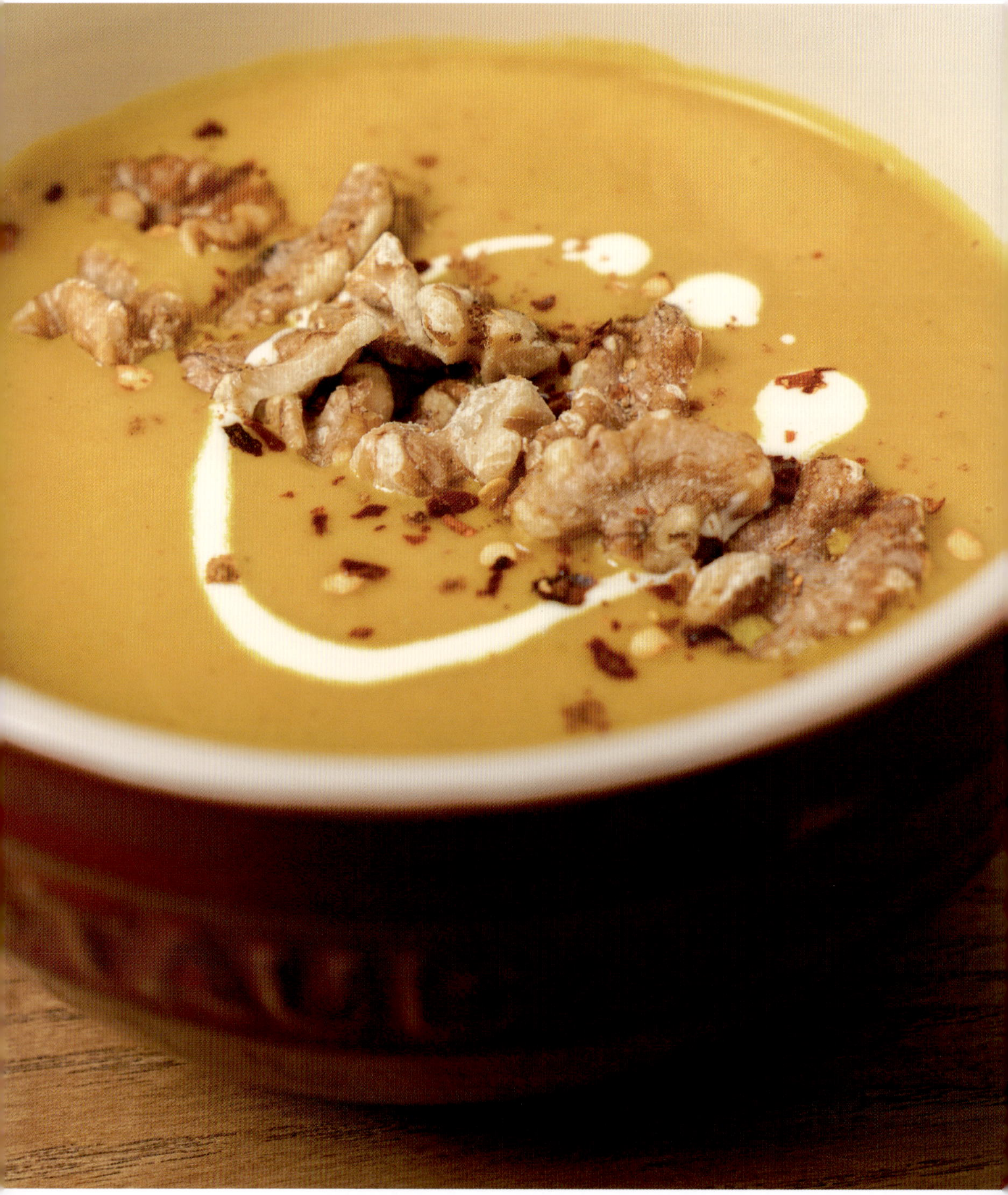

胡蘿蔔地瓜濃湯

當有人跟我說他討厭胡蘿蔔的時候，
我就會給他喝這碗湯，
然後跟他說完全吃不出來吧？不信你也試試！

▍材料

1. 胡蘿蔔⋯1根（切塊）
2. 地瓜⋯2個（切塊）
3. 洋蔥⋯1個（切絲）
4. 蒜末⋯2瓣
5. 生薑⋯1塊（長約2公分，切片）
6. 初榨橄欖油⋯2湯匙
7. 雞高湯⋯300g
8. 牛奶⋯50g
9. 鮮奶油⋯50g
10. 黑胡椒⋯適量
11. 豆蔻粉⋯些許
12. 烤過的辣椒片⋯些許
13. 烤過的核桃⋯些許
14. 鹽⋯適量

▍作法

1. 胡蘿蔔、地瓜切塊後淋上初榨橄欖油，進烤箱以攝氏180度烤30分鐘左右至上色軟化。
2. 在大鍋中加熱初榨橄欖油，加入洋蔥用中火炒至焦化上色，釋放甜味。
3. 加入蒜末和生薑，繼續炒約1分鐘，直到香味出來。
4. 加入烤過的胡蘿蔔和地瓜塊。
5. 倒入雞高湯，煮沸後轉小火，蓋上蓋子煮約15～20分鐘，讓味道融合。
6. 用手持調理機，打至泥狀，用篩網過濾後，再倒回鍋中加熱。
7. 倒入牛奶及鮮奶油，調和。
8. 加入豆蔻粉、鹽及黑胡椒調味。
9. 最後撒上烤過的核桃及辣椒片，淋上鮮奶油就完成了。

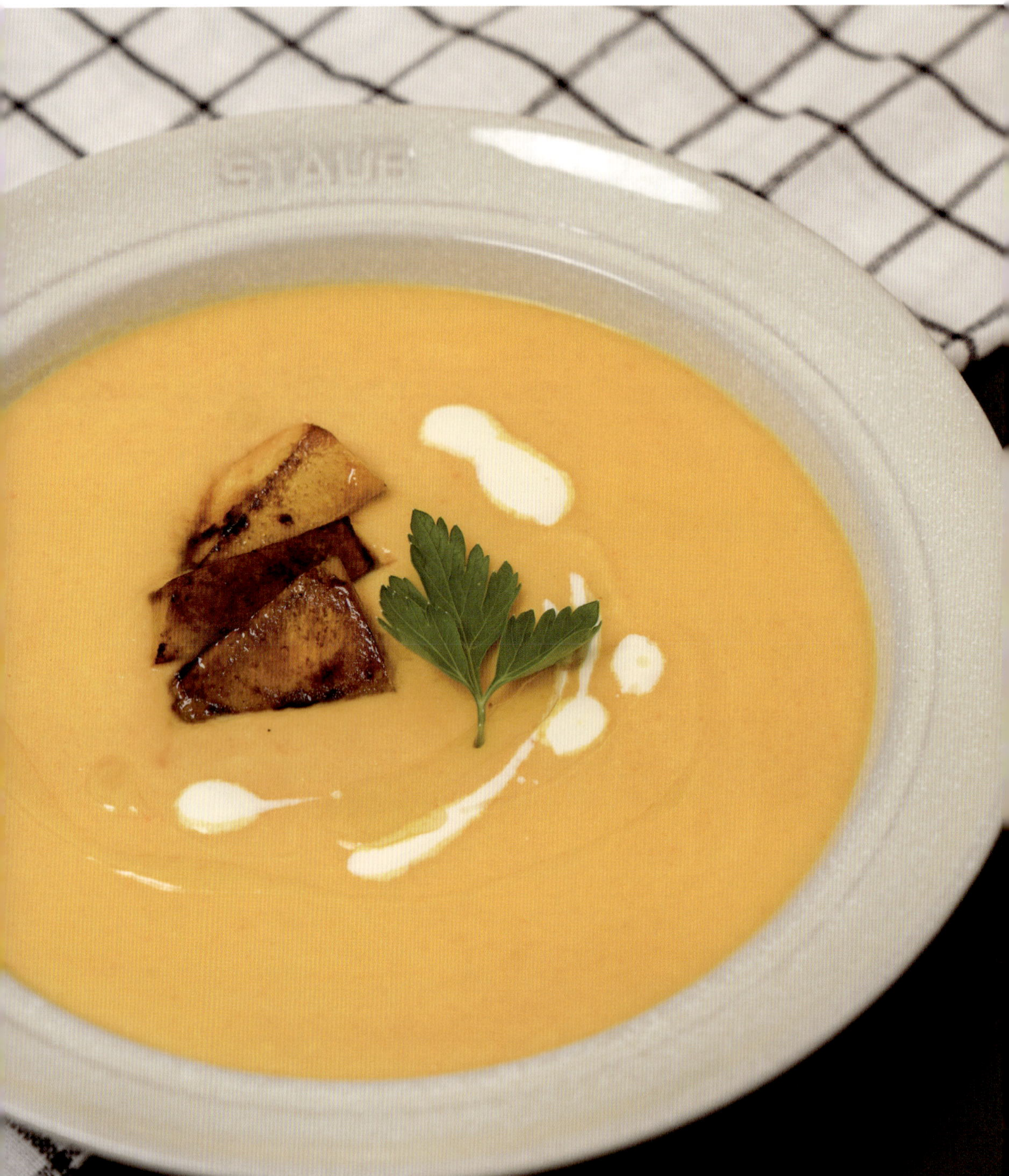

孜然南瓜湯

在濃郁的南瓜湯裡加入優格會解膩，
不會喝半碗就覺得太重口而喝不下去。

材料

1. 栗子南瓜…半顆（可切幾片裝飾用）
2. 洋蔥…1個（切絲）
3. 蒜末…2瓣
4. 孜然粉…1茶匙
5. 奶油…2湯匙
6. 雞高湯or蔬菜湯…80g
7. 鮮奶油…50g
8. 黑胡椒…適量
9. 鹽…適量
10. 糖…適量（因為不確定每顆南瓜的甜度，可視情況添加）
11. 優格…20g
12. 初榨橄欖油…適量

作法

1. 南瓜去籽後，放入烤箱以攝氏180度烤至軟化。
2. 在大鍋中加奶油、洋蔥用中火炒至焦化上色，釋放甜味。
3. 加入蒜末和孜然粉，繼續炒約1分鐘，直到香味出來。
4. 放入烤至軟化的南瓜加入雞高湯，使用手持調理棒打至均勻，並用濾網過篩。
5. 過篩後再加入鮮奶油、鹽及優格加熱。
6. 最後擺上烤過的南瓜片，淋上鮮奶油及初榨橄欖油即可。

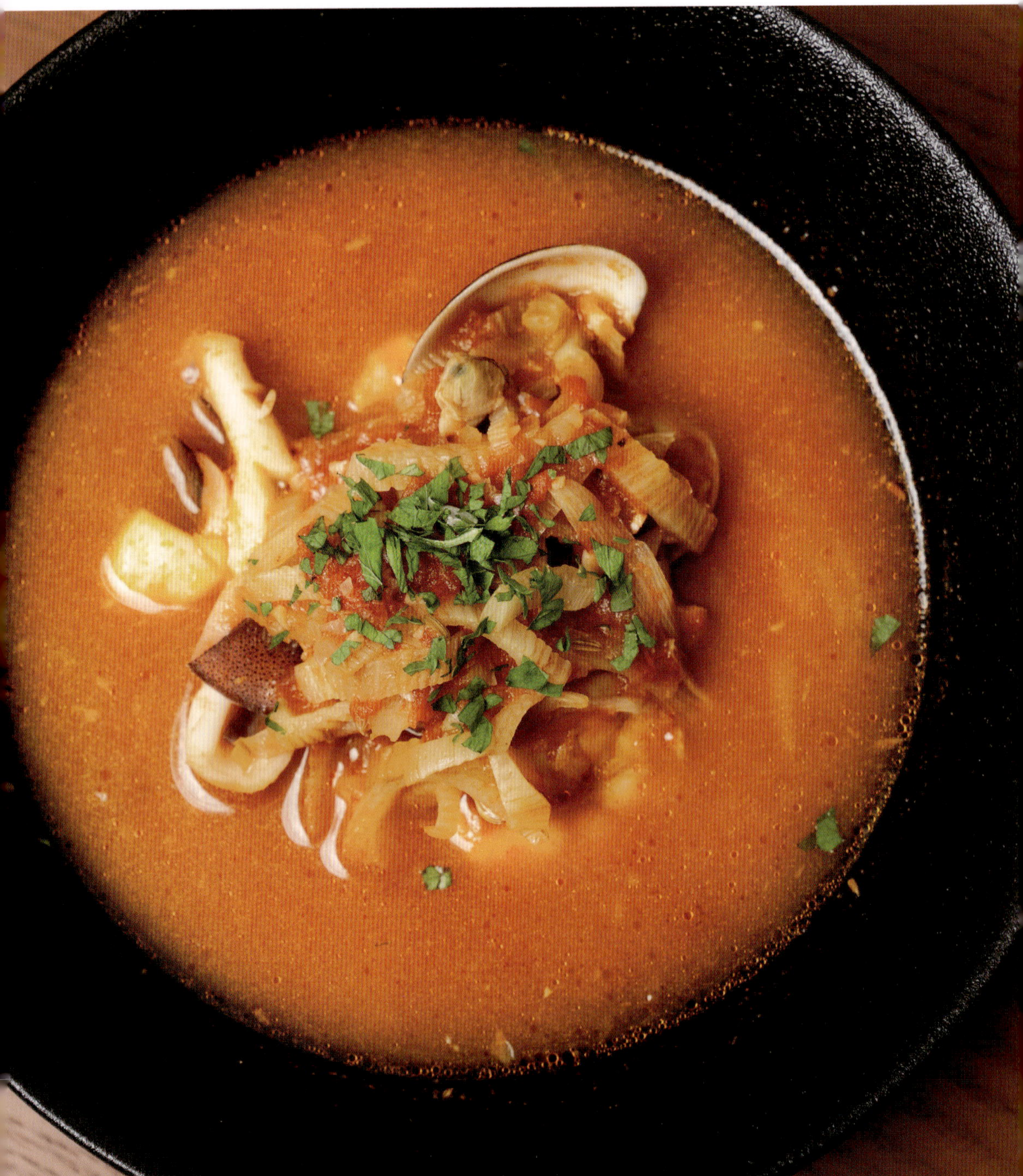

義式海鮮燉湯

這道菜的精華就是要鮮啊！
海鮮高湯的製作重點就是，
絕對不能用水喔！

材料

海鮮高湯
1. 洋蔥…半顆
2. 蒜頭…4顆
3. 蝦殼…1盒
4. 小蛤蜊…300g
5. 雞高湯…250g

其餘材料
1. 進口乾蔥…1顆
2. 茴香頭…1顆（切絲）
3. 蒜頭…4～6顆（切末）
4. 白酒…120g
5. 番茄罐頭…1罐
6. 蝦…6隻
7. 大蛤蜊…10顆
8. 鱸魚片…150～180g（切塊）
9. 月桂葉…1片
10. 百里香…2支
11. 小茴香…2茶匙
12. 鹽…適量
13. 糖…適量

作法

1. 將洋蔥、蒜頭、蝦殼、雞高湯放入鍋中，並煮滾。
2. 煮滾後，加入小蛤蜊，待蛤蜊全開後過濾備用（蛤蜊肉可取出）。
3. 取一湯鍋，以初榨橄欖油炒透乾蔥及茴香頭，接著放入蒜末，待香氣出來後熗入白酒。
4. 倒入番茄罐頭以及海鮮高湯。
5. 加入月桂葉、百里香及小茴香。
6. 煮滾後轉中小火，煮約10分鐘，讓香料味釋放。
7. 加入鹽及糖，確認調味。
8. 接著放入蝦、大蛤蜊、鱸魚片。
9. 再煮約3～5分鐘，海鮮剛好熟即可關火。

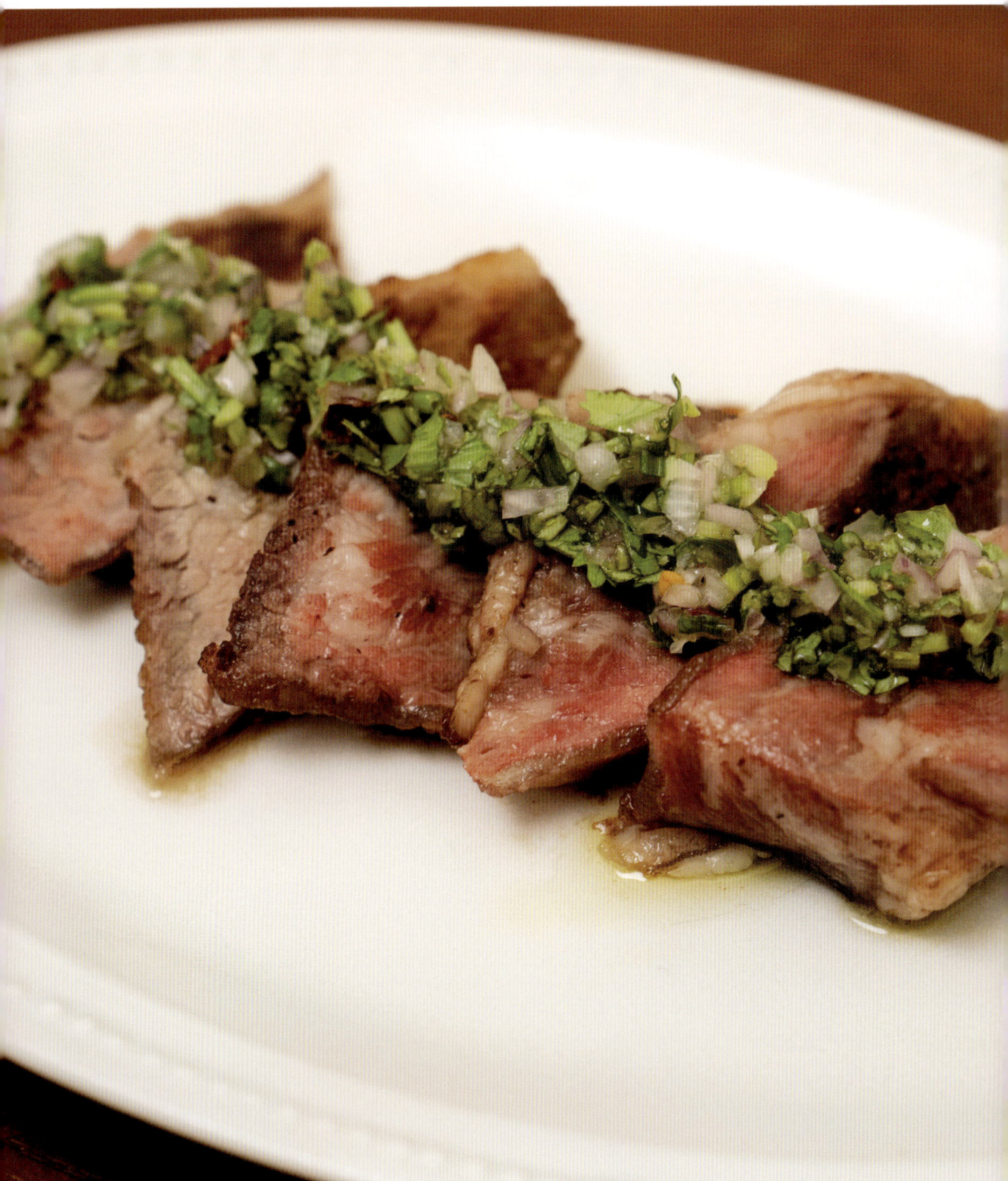

牛小排配阿根廷青醬

阿根廷青醬清新的香草味、一點酸感以及微微的辣感，
非常適合搭配油脂高的肉類或是烤過的海鮮！
是我夏天非常愛的一款醬料。

▎材料

1. 去骨牛小排…1片
2. 平葉巴西里…50g（切碎）
3. 香菜…40g（切碎）
4. 蒜頭…4顆（切碎）
5. 辣椒…1支（切碎）
6. 白酒醋…90g
7. 鹽…適量
8. 乾蔥…1顆（切碎）
9. 黑胡椒…適量
10. 糖…適量
11. 煙燻紅椒粉…適量
12. 初榨橄欖油…30g

▎作法

1. 取個容器將材料2～11混合。
2. 慢慢倒入初榨橄欖油，同時邊用打蛋器打至乳化即可完成。
3. 熱鍋熱油放入牛小排，表面撒點鹽跟黑胡椒，每面煎約2分鐘後就取出靜置備用。
4. 這個牛小排較薄，同時油脂較高，吃七分熟比較適合。
5. 煎的過程就不用太嚴格！
6. 牛小排切片，淋上阿根廷青醬即完成！

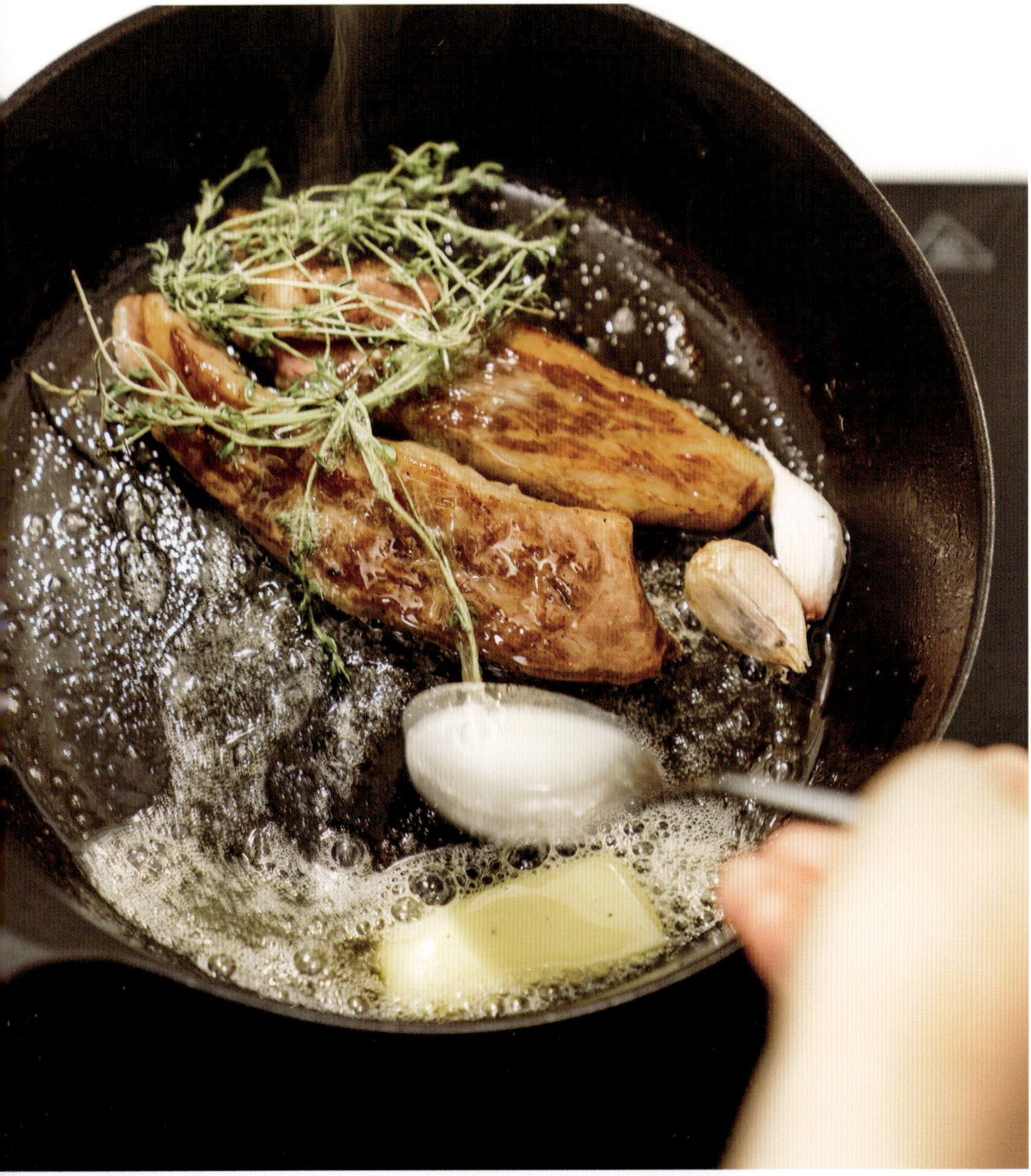

晚餐 | 安柏教你燉出超級美味

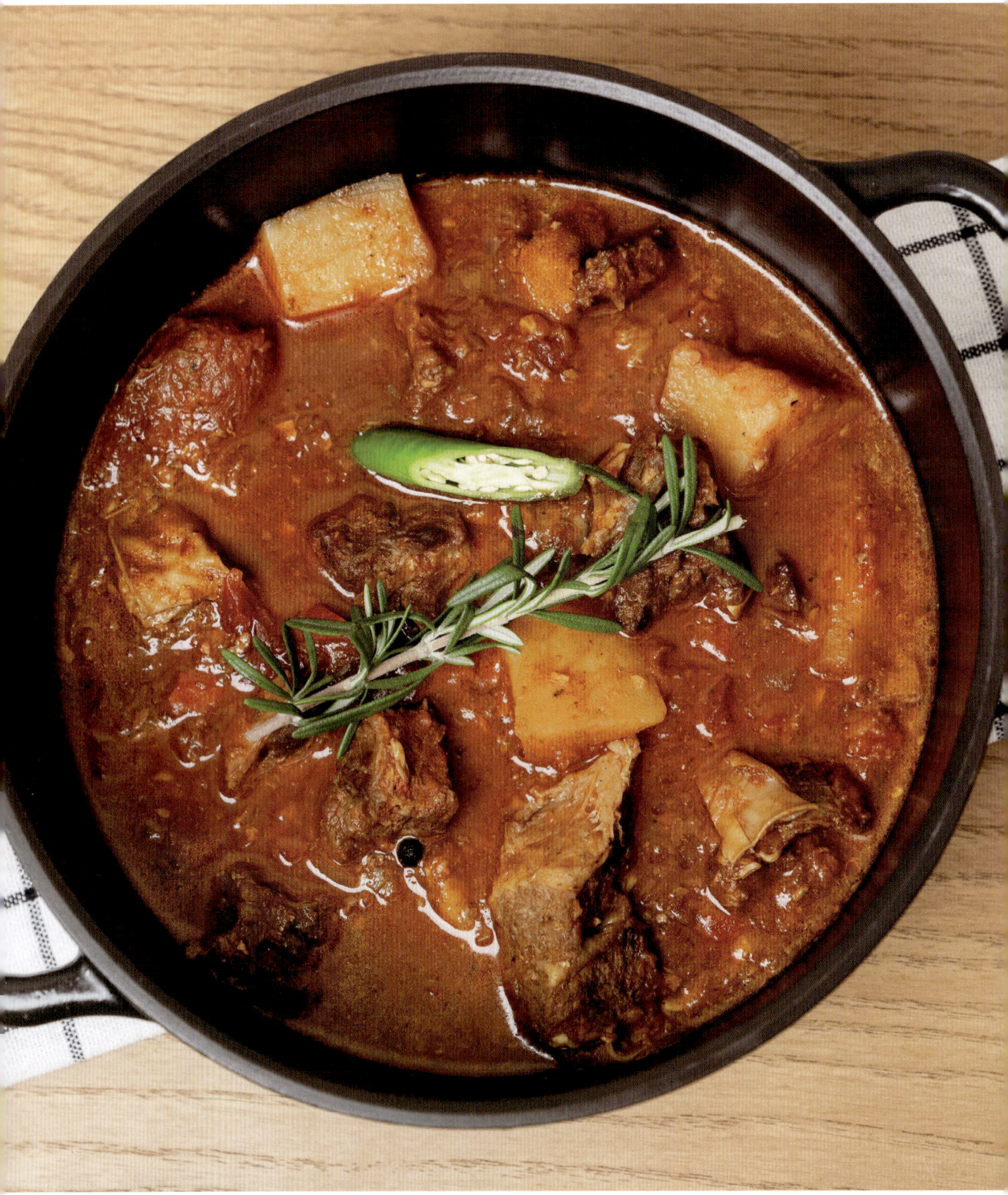

匈牙利燉牛肉

這道是我小時候第一次在節目上看到的西式料理！
很喜歡它帶點煙燻氣息及有點辛辣的尾韻，
味道非常強烈，
除了配飯，配薯泥及薯條也是很適合喔！

▌材料

1. 牛肉…600g
2. 洋蔥…1顆（切碎）
3. 大蒜…4瓣（切碎）
4. 番茄罐頭…1罐
5. 煙燻紅椒粉（不辣）…3湯匙
6. 孜然粉…1茶匙
7. 迷迭香…1支
8. 月桂葉…2片
9. 紅甜椒…半個（切丁）
10. 青龍椒…3根（切小段）
11. 鹽…適量
12. 黑胡椒…適量
13. 雞高湯…500ml
14. 初榨橄欖油…2湯匙
15. 馬鈴薯…1顆（切塊）

▌作法

1. 將牛肉切成2～3公分的方塊，用鹽和黑胡椒稍微調味。
2. 在大鍋中加熱初榨橄欖油，然後加入切碎的洋蔥，用中火炒至洋蔥變透明。加入切碎的大蒜，繼續炒1～2分鐘。
3. 將牛肉塊加入鍋中，煎至四面都變成棕色。
4. 加入紅椒粉、孜然粉、百里香和月桂葉，翻炒均勻。接著再加入切碎的番茄、紅甜椒及青龍椒，繼續翻炒幾分鐘。
5. 倒入雞高湯，使湯汁剛剛好覆蓋所有食材。蓋上鍋蓋以中大火燉煮，煮沸後轉小火燉煮約1.5至2小時，直到牛肉變得非常軟嫩。
6. 在燉煮過程中，根據個人口味加鹽和黑胡椒調味。如果湯汁太稀，可以揭開鍋蓋稍微收汁，直到湯汁達到你喜歡的濃稠度，馬鈴薯可等最後半小時再入鍋才不易糊掉。
7. 當牛肉變得嫩滑且入味後，馬鈴薯也都熟透，撈除月桂葉，關火。
8. 可以搭配麵包、麵條或米飯一起享用。

One hundred reasons to be tipsy

Appetizers

CHAPTER 4

下酒菜
微醺的一百個理由

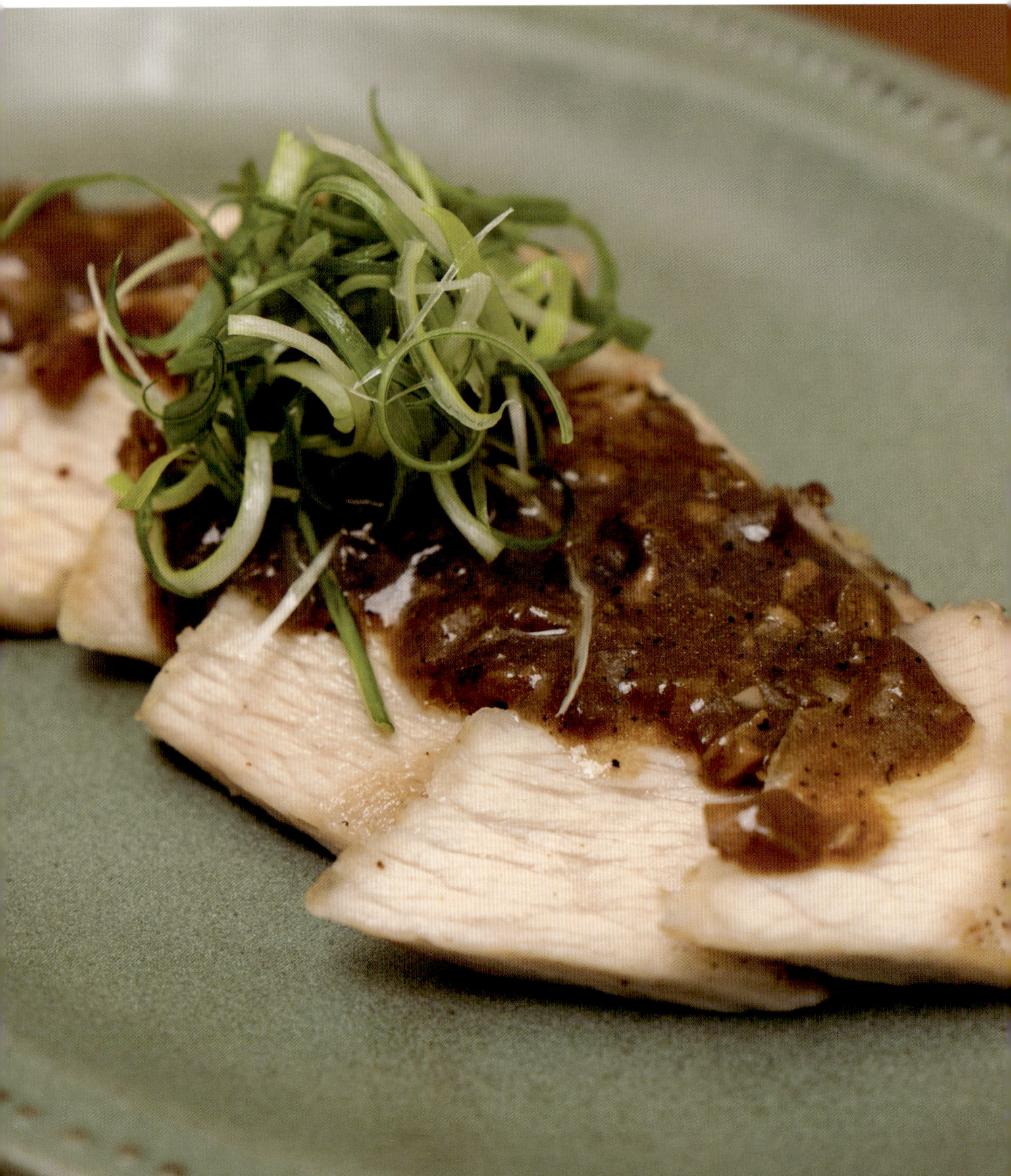

松阪豬配黑胡椒奶油醬

可以的話使用研磨罐現磨的胡椒，
會比直接買現成磨好的更香喔！
又Q彈又嫩的松阪豬搭配辛辣的黑胡椒奶油醬，
在消夜時段真的是超罪惡美食！

▌材料

1. 松阪豬…500g
2. 2%鹽水（蓋過豬肉的量）
3. 奶油…20g
4. 黑胡椒粒…20g
5. 白酒…30cc（可省略）
6. 伍斯特醬…1大匙
7. 番茄醬…1/2大匙
8. 醬油…1大匙
9. 洋蔥…1/2顆
10. 蒜頭…3～4顆（切碎）
11. 糖…適量
12. 水…150g
13. 片栗粉水…適量

▌作法

1. 將松阪豬泡浸2%鹽糖水一個晚上。
2. 取出後擦乾，放進預熱至攝氏180度的烤箱烤10～15分鐘。
3. 取一個平底鍋，用奶油炒香洋蔥及蒜頭。
4. 再炒香黑胡椒粒，熗入白酒。
5. 加入伍斯特醬、番茄醬、醬油及水。
6. 加些許的糖調味。
7. 加入片栗粉水，調製濃稠，放置小容器備用。
8. 將烤好的松阪豬切片，放上黑胡椒奶油醬即可完成嘍！

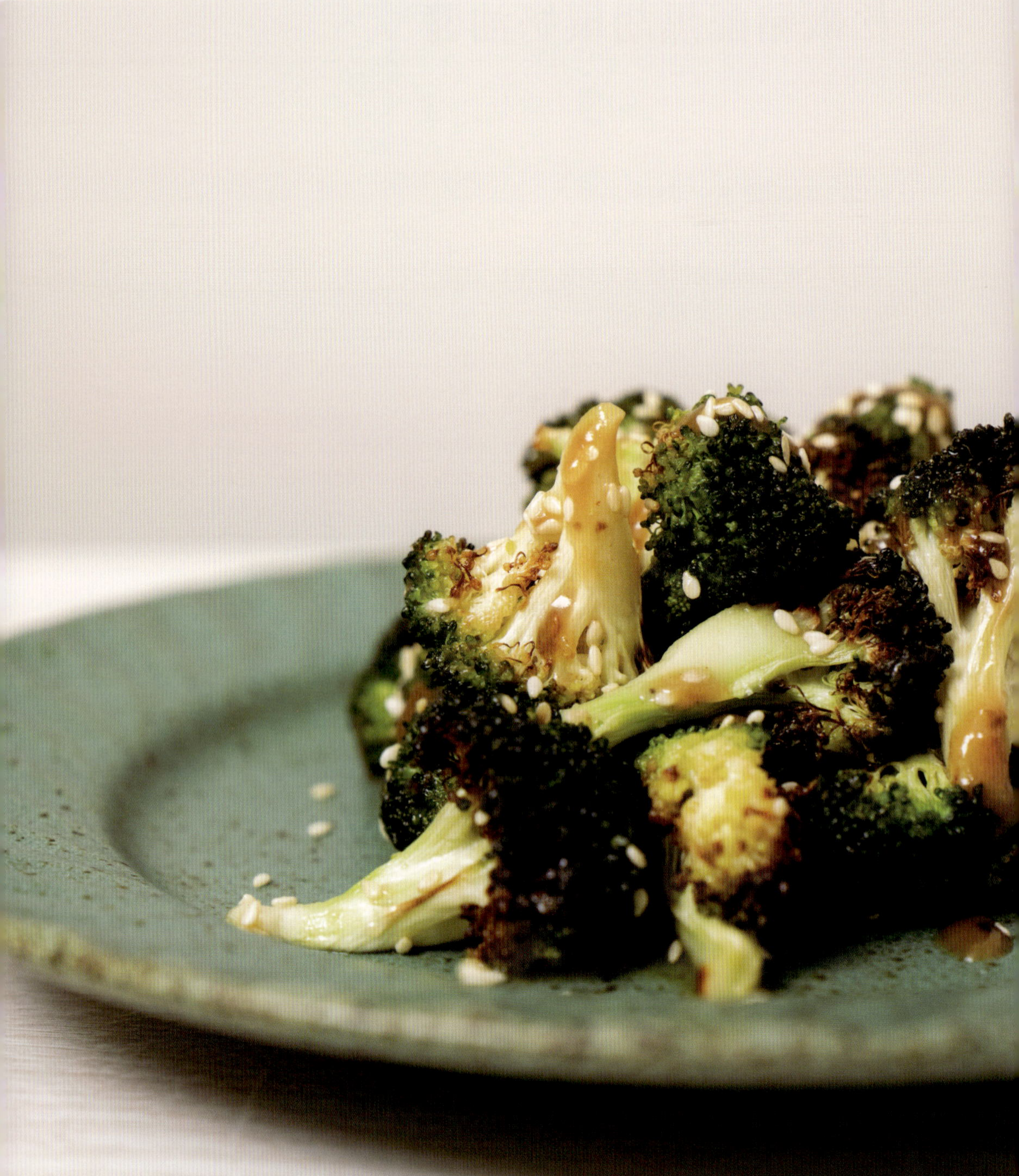

烤花椰菜配蜂蜜辣味噌

汆燙過的花椰菜再用高溫烤過，
這樣的作法水分不會流失這麼多，
搭配濃郁的醬汁，滲入花椰菜裡，
咬下去超 juicy 的啦！

▎材料

1. 花椰菜…1朵（切小塊）
2. 鹽（水量的2%）
3. 初榨橄欖油…些許
4. 蜂蜜…30g
5. 味噌…100g
6. 老乾媽辣醬…20g
7. 米醋…10g
8. 醬油…5g
9. 蒜泥…5g
10. 薑泥…5g
11. 白芝麻…適量（裝飾用）

▎作法

1. 花椰菜切小塊後，將根部較老的皮削掉。
2. 煮滾一鍋精確來說2%的鹽水，但其實就是有鹹就好。
3. 放入花椰菜汆燙，1分鐘即可撈出，沖涼水濾乾備用。
4. 烤箱或是氣炸鍋預熱至攝氏200度，將花椰菜淋上初榨橄欖油烤五分鐘。
5. 取一個小碗，將材料4～10混合均勻。
6. 烤完的花椰菜拌入幾匙的蜂蜜辣味噌醬，最後撒上白芝麻即可完成。

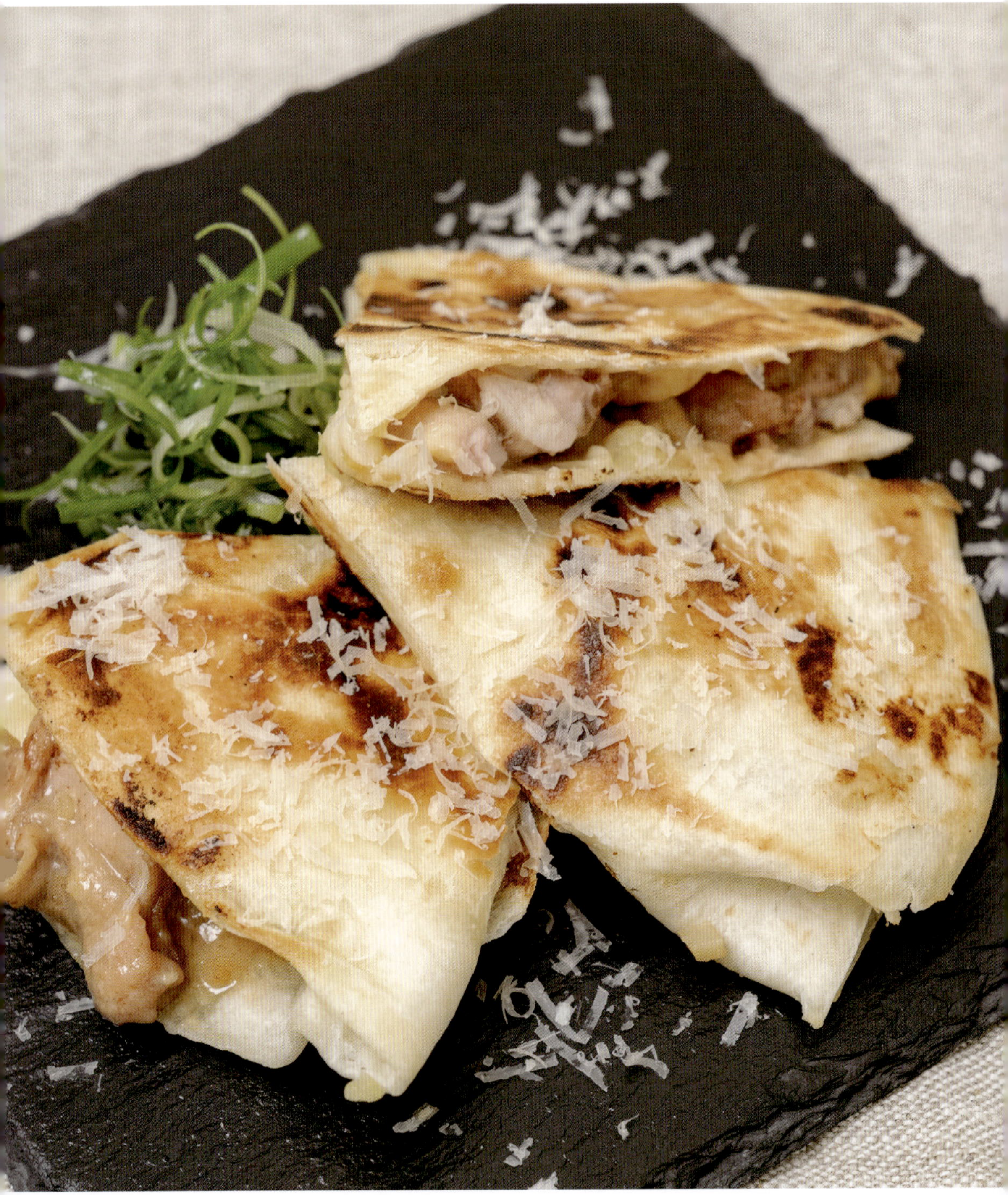

剝皮辣椒豆乳雞酥餅

豆漿中和了剝皮辣椒的辣，
同時也多了一點厚度，
整體不會過於死鹹，
做成墨西哥酥餅意外的合拍！
這是我非常喜歡的一道中西合壁料理！

▌材料

1. 去骨雞腿肉…1片（切塊）
2. 剝皮辣椒…1條（切碎）
3. 剝皮辣椒汁…40g
4. 辣豆瓣…1小匙
5. 無糖豆漿…40g
6. 薑泥…1小匙（約5g）
7. 蒜頭…3瓣（切碎）
8. 鹽…適量
9. 白胡椒粉…適量
10. 芥花油…適量
11. 墨西哥餅皮…2張
12. 起司絲…適量

▌作法

1. 將雞腿肉放入碗中，加入薑泥、20g的剝皮辣椒汁醃製10分鐘。
2. 取一平底鍋炒香蒜頭、剝皮辣椒。
3. 加入雞腿肉，再放入辣豆瓣、剩餘的剝皮辣椒汁、白胡椒粉、無糖豆漿煮至濃稠。
4. 取一平底鍋加一點油煎香墨西哥餅皮。
5. 餅皮放上起司絲，待融化後再放入煮好的雞腿肉。
6. 再放上一張煎好的餅皮蓋起來再分切就完成了。
7. 享用時可以再刨一點起司。

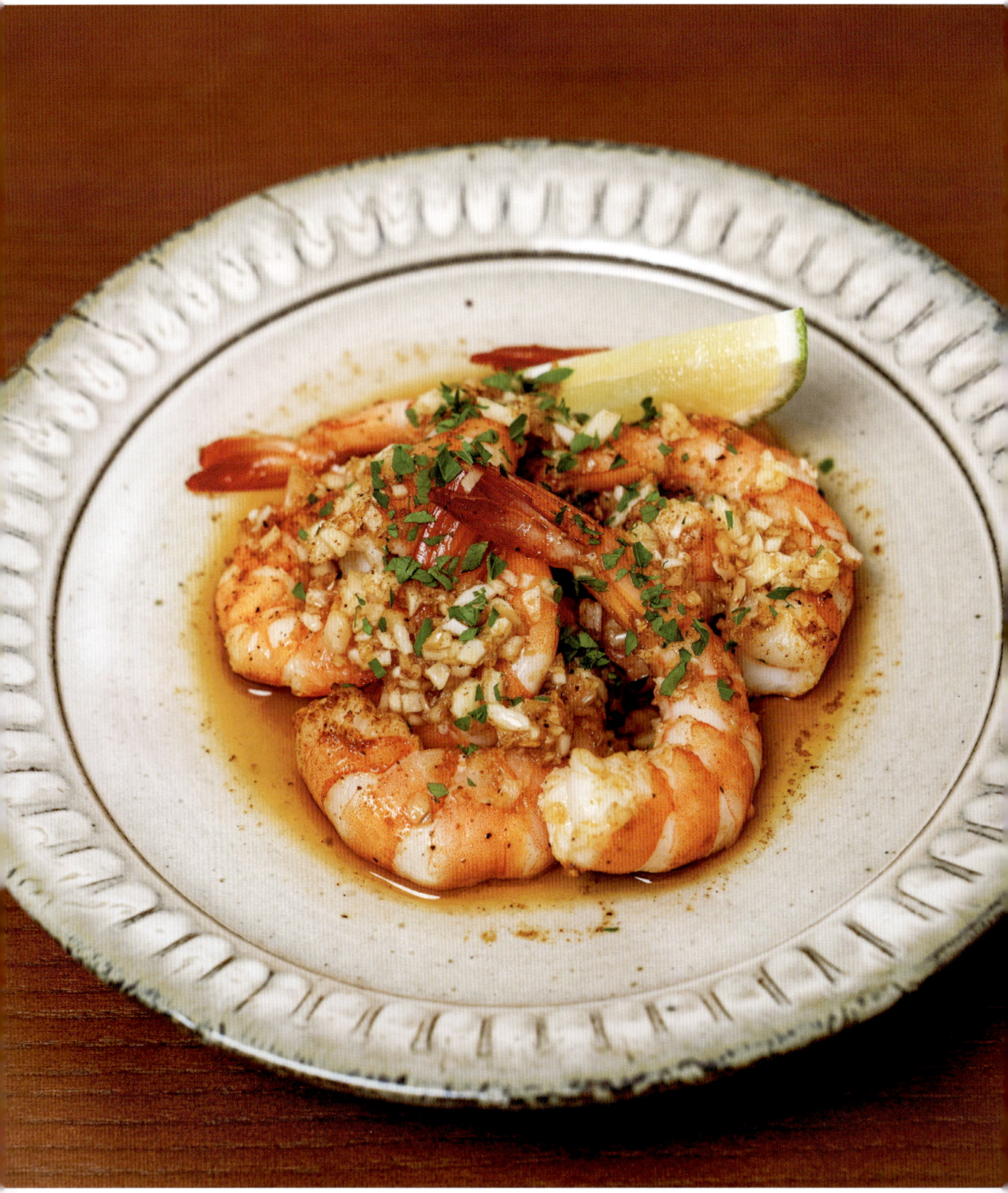

西班牙蒜味蝦

大家知道其實這道料理就是要吃初榨橄欖油嗎？
所以選一罐好的初榨橄欖油很重要！
搭配麵包會更美味喔！

▍材料

1. 新鮮大蝦⋯10隻（剝殼去腸泥）
2. 蒜頭⋯10～12顆（切碎）
3. 煙燻紅椒粉⋯1小匙
4. 初榨橄欖油⋯120g
5. 白酒⋯30g
6. 黃檸檬汁⋯10g
7. 黃檸檬皮屑⋯些許（裝飾）
8. 平葉巴西里碎⋯些許（裝飾）
9. 檸檬⋯1塊（裝飾）
10. 鹽⋯適量
11. 黑胡椒⋯適量

▍作法

1. 大蝦洗淨，剝殼去腸泥，並擦乾水分，可以留尾部殼盛盤較美。
2. 取一個平底鍋，加熱初榨橄欖油，保持中小火，避免油過熱。
3. 加入切碎的大蒜，用中小火炒至蒜碎呈金黃色並散發香味，小心不要炒焦喔！這過程至少要五分鐘，才能確實煸出蒜頭風味。
4. 將蝦放入鍋中，均勻鋪開，並撒上鹽、黑胡椒、煙燻紅椒粉，煎1～2分鐘，直到蝦的底部變粉紅色就可翻面。
5. 翻面後，熗入白酒，淋上檸檬汁大約再煎1分鐘即可。
6. 最後撒上切碎的巴西里、檸檬皮，就完成了。

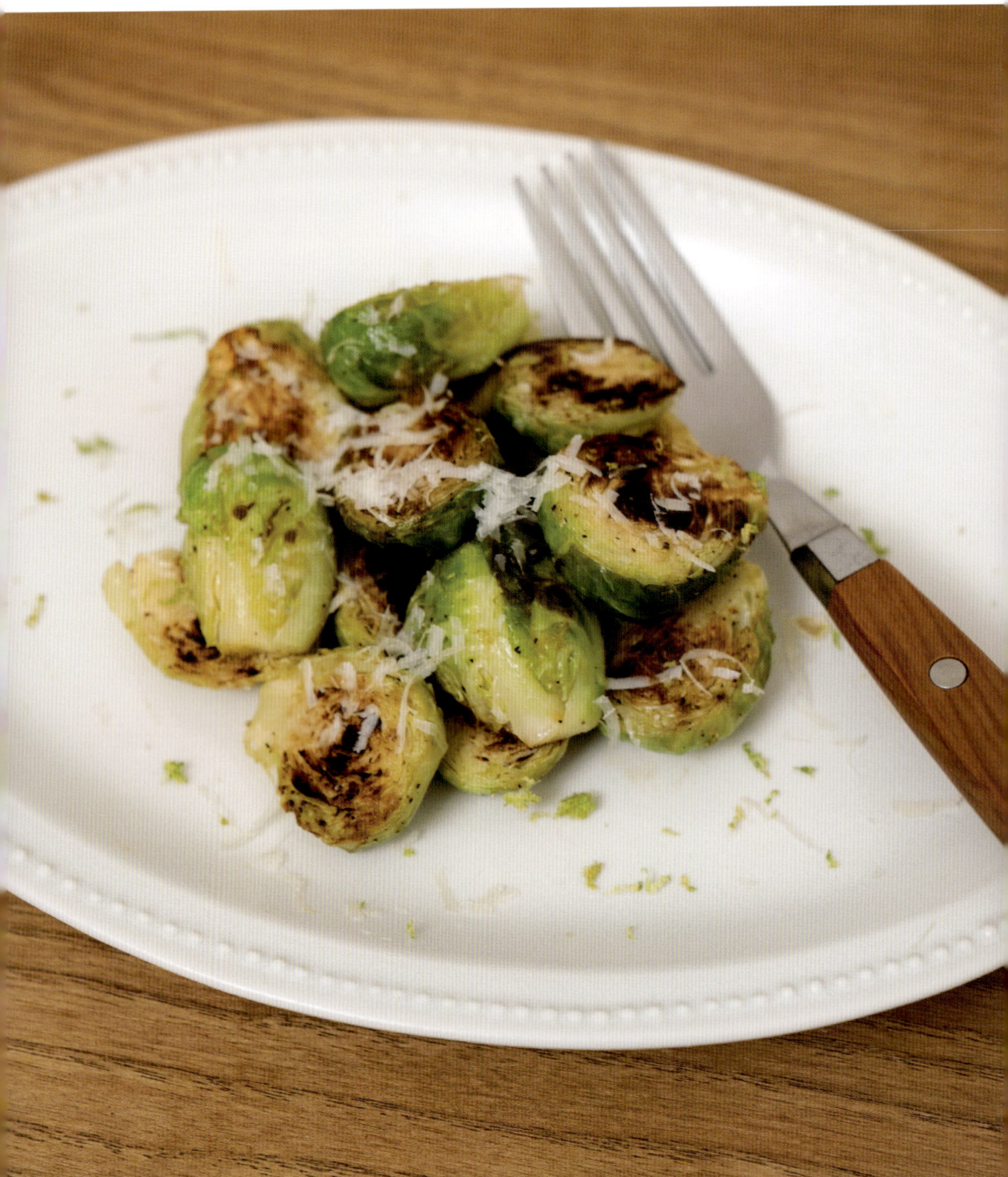

蒜味奶油烤球芽甘藍

球芽甘藍只要依照這個作法料理，
完全不苦，
保證你會愛上！

▌材料

1. 球芽甘藍⋯10顆（對半切開）
2. 蒜泥⋯1〜2顆
3. 奶油⋯20g
4. 鹽（可以抓水量的2%）
5. 黑胡椒⋯適量
6. 檸檬汁⋯10g
7. 帕達諾起司⋯適量

▌作法

1. 煮滾一鍋精確來說2%的鹽水，但其實就是有鹹就好。
2. 放入洗淨的球芽甘藍，汆燙一分鐘，取出後吸乾水分。
3. 取一個平底鍋，加熱奶油，將球芽甘藍剖面朝下放置鍋底。
4. 確實把每一顆表面都煎上色，這樣甜味出來喔！
5. 取一個容器放入球芽甘藍、蒜泥、鹽、黑胡椒、檸檬汁跟帕達諾起司拌勻即可上桌喔！

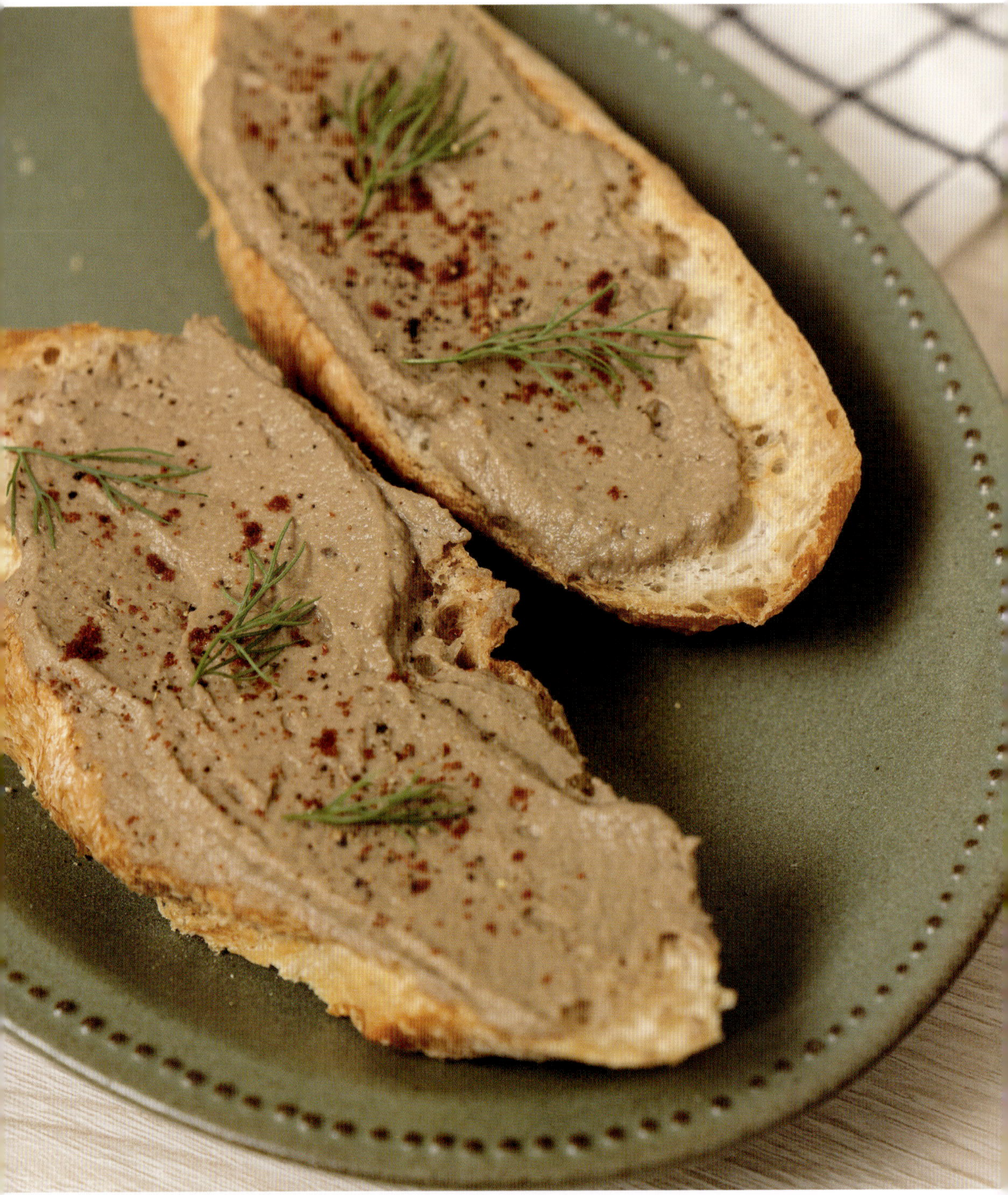

蘑菇醬配麵包

這是一道在日本餐酒館吃到的料理，
外表雖然不起眼，但味道很驚人！
因為裡面是用大量蘑菇濃縮而成，
也就是大量鮮味聚集在一起！
讓你不知為何就是覺得超級美味。

▋材料

1. 奶油…30g
2. 初榨橄欖油…20g
3. 進口乾蔥…30g
4. 蘑菇…1盒（切碎）
5. 百里香…1支
6. 白酒…30g
7. 巴薩米克醋…20g
8. 法國麵包…2片
9. 蒔蘿（可省略）
10. 煙燻辣椒粉…適量
11. 黑胡椒…適量
12. 鹽…適量

▋作法

1. 取一平底鍋，加入奶油及初榨橄欖油，融化後炒香乾蔥。
2. 接著加入蘑菇碎，這步驟可以撒點鹽，幫助菇類更快速出水。
3. 放入百里香，開中火慢慢炒，這過程要將菇類水分確實逼出並且收乾，這樣香氣才會濃。
4. 待收乾後，再熗入白酒，讓白酒揮發且吸收約1～2分鐘。
5. 淋上巴薩米克醋拌一拌。
6. 最後加鹽、黑胡椒調味。
7. 將炒好的菇用調理機打成抹醬。
8. 法國麵包放進預熱至攝氏180度的烤箱，烤脆。
9. 抹上蘑菇醬，撒上煙燻辣椒粉，擺上蒔蘿完成。

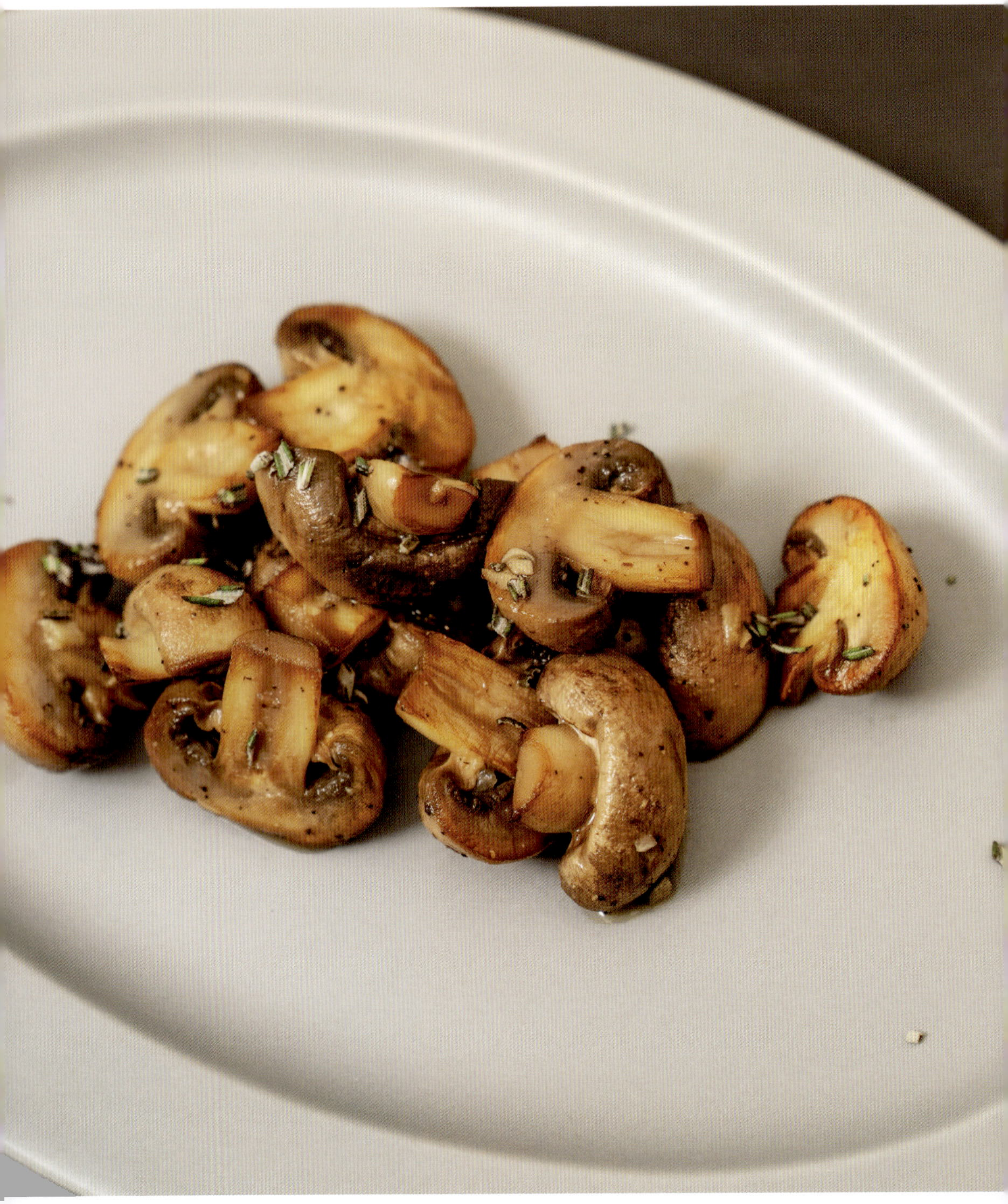

酒醋炒蘑菇

菇類其實是一個富含麩胺酸的食材，
只要用對烹調方式，單吃就會有非常明顯的鮮味！
這也是菇類好吃的關鍵喔！

▌材料

1. 蘑菇…8～10顆（對切）
2. 紅酒醋…1大匙
3. 迷迭香…適量
4. 鹽…適量
5. 黑胡椒…適量
6. 初榨橄欖油…10g

▌作法

1. 取一平底鍋加熱後加入初榨橄欖油，並放入蘑菇、迷迭香（這階段都不要翻動喔，直到蘑菇完全上色）。
2. 邊煎的同時撒點鹽，幫助出水。
3. 待完全上色後，熗入紅酒醋。
4. 最後再撒上黑胡椒、迷迭香就完成嘍！

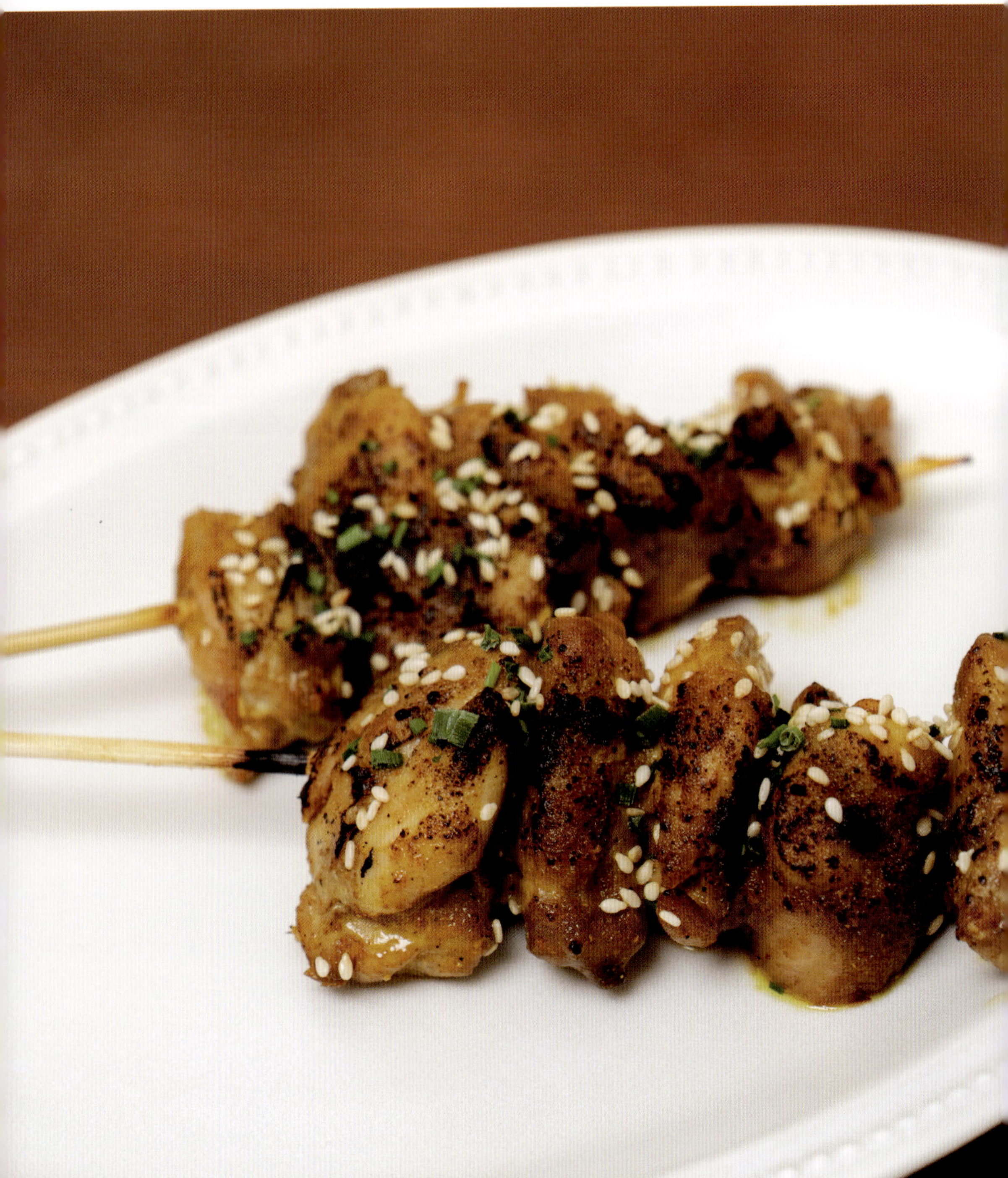

南洋沙爹烤雞肉串

微辣的後勁濃郁的口感,
超適合配啤酒的,
這個醬汁的作法非常簡單,
食材也好取得,
一定要試試看!

▌材料

1 去骨帶皮雞腿…1片(切塊)
2 印度沙爹粉烤肉粉…2大匙
3 玄米油…適量
4 鹽…1茶匙
5 薑泥…1小匙
6 Q比美乃滋…3大匙
7 醬油…1小匙
8 椰糖…1茶匙(可用一般糖替代)
9 檸檬汁…1/4顆
10 黑芝麻…適量
11 白芝麻…適量
12 蝦夷蔥…適量
13 辣油…1小匙

▌作法

1 取一容器加入雞腿肉、1匙沙爹烤肉粉、鹽、玄米油醃製20分鐘。
2 將沙爹粉、薑泥、Q比美乃滋、醬油、椰糖、檸檬汁,辣油混合均勻成醬料。
3 烤箱預熱至攝氏180度,放入雞腿肉烤10分鐘。
4 刷上醬料再烤5分鐘至上色,最後可以使用噴槍噴出焦黑感。
5 最後串上竹籤,撒上黑芝麻與白芝麻及蝦夷蔥就完成嘍!

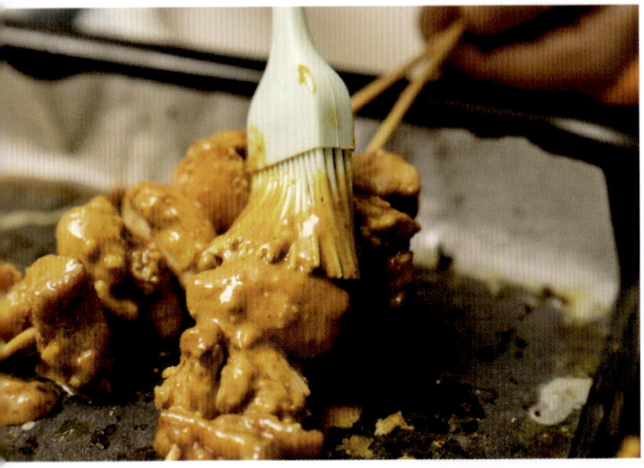

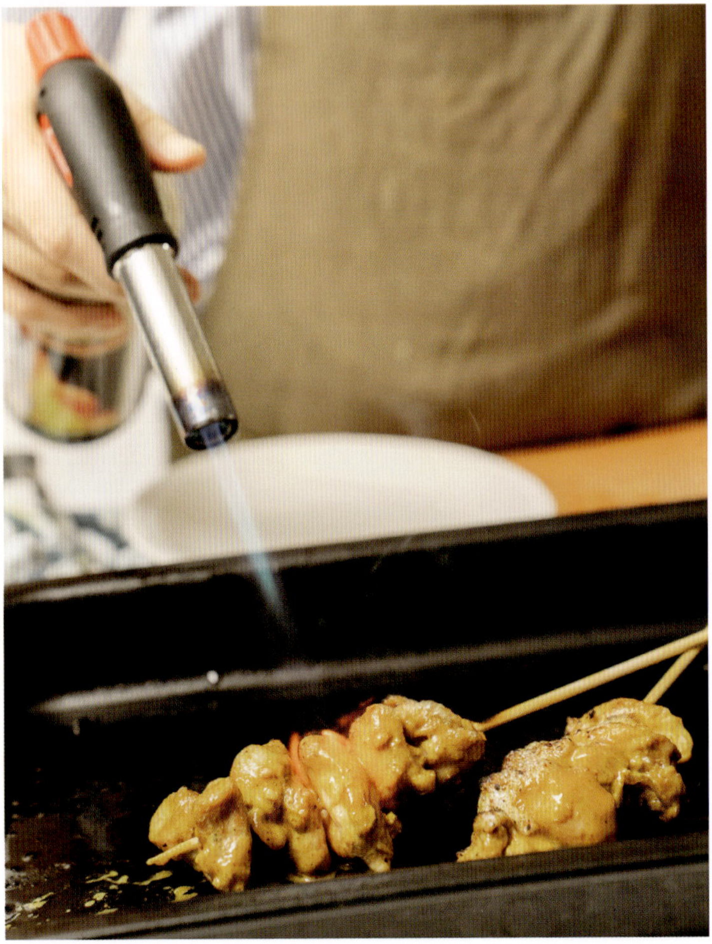

下酒菜 | 微醺的一百個理由

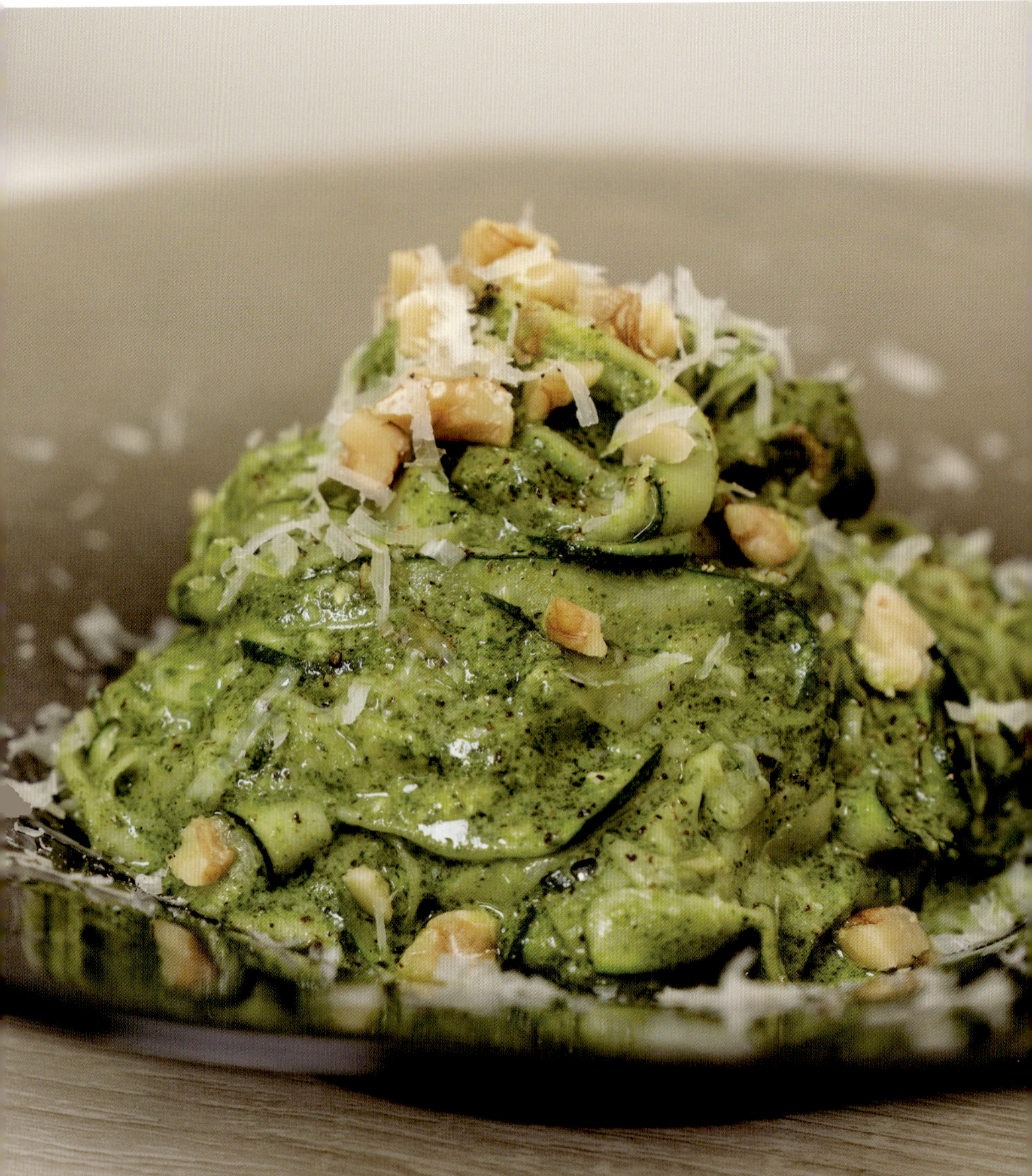

青醬炒櫛瓜絲

深夜了就不來澱粉了！
把麵條改成櫛瓜絲更爽脆，
搭配青醬一樣濃郁夠味！
做好的青醬冷凍 1~2 個月都沒問題！

材料

1. 綠櫛瓜⋯1條

製作青醬
1. 九層塔（純葉子）⋯50g
2. 巴西里葉（純葉子）⋯15g
3. 腰果（建議烤過）⋯15g
4. 帕達諾起司粉或現成市售起司粉⋯25g
5. 初榨橄欖油⋯70g
6. 蒜頭⋯2g
7. 鹽⋯1小匙
8. 黑胡椒⋯1茶匙

作法

1. 綠櫛瓜一開四，去除中心的囊，刨成絲，撒點鹽待出水。
2. 取一鍋滾水，汆燙九層塔及巴西里葉約1分鐘，立即取出泡冰水。
3. 準備手持調理機，將冰鎮過的九層塔、巴西里葉擠乾水分，加入烤過的腰果、帕達諾起司、初榨橄欖油、鹽及黑胡椒，打至呈滑順的青醬。
4. 櫛瓜絲擠乾水分，備用。
5. 取一平底鍋炒香蒜碎，加入青醬及一匙水稀釋，放入櫛瓜絲。
6. 拌勻後，盛盤時再撒上腰果碎，淋上初榨橄欖油即可完成。

> 青醬的製作材料部分用這比例會做得比較多，因為若太少在使用一般調理機的操作過程會很難打起來，用不完的青醬可取一個保鮮盒，表面覆蓋保鮮膜後冷凍即可，大家可以等比例調整份量喔！

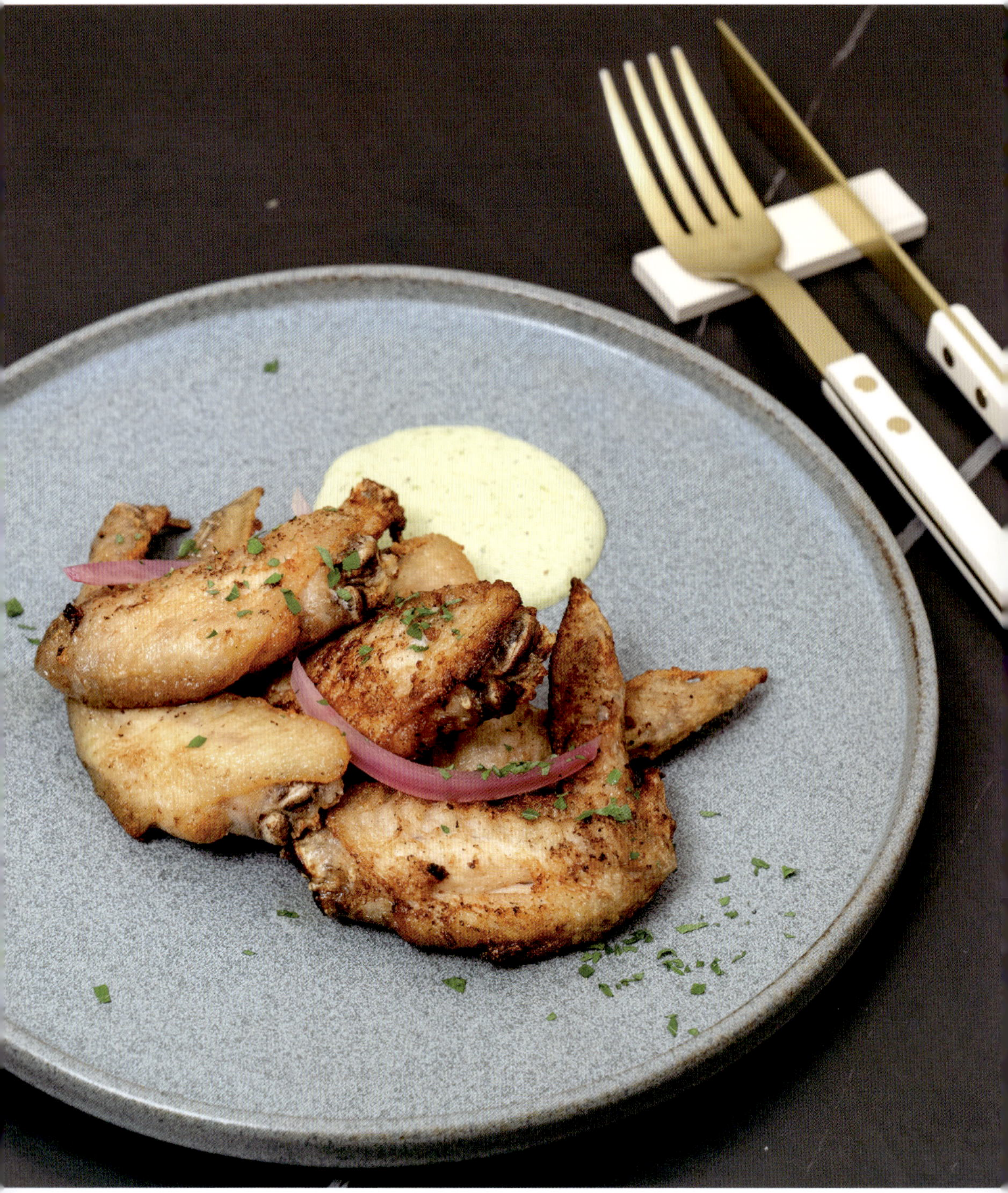

酥炸雞翅搭青陽椒美乃滋

炸物除了配酸甜感的醬，
我也很愛搭超辣的醬（ex: 水牛城辣雞翅），
但我們這次做亞洲版一點的，
相信你也會愛不釋手！

▌材料

1. 二節翅…6隻
2. 青陽辣椒…6根
3. 檸檬汁…1/2顆
4. 香菜（切碎）…4根
5. 蒜頭…2顆
6. 美乃滋…150g
7. 巴西里碎…少量
8. 醃漬紫洋蔥…少量
9. 鹽（可以抓水量的2%）
10. 2%鹽水

醋水

1. 白酒醋…50g
2. 九層塔…5片
3. 肉桂…1根
4. 水…50g
5. 糖…25g

▌作法

1. 醋水製作：水、糖、九層塔、肉桂煮滾再加白酒醋，再煮滾一下即可關火放涼。
   紫洋蔥過熱水後取出泡醋水，做成醃漬紫洋蔥。
2. 二節雞翅泡2%鹽水一個晚上。
3. 青陽辣椒去蒂頭後放入烤箱烤至微焦黑，取出後稍微放涼備用。
4. 將烤過的青陽辣椒、檸檬汁、香菜、蒜頭、Ｑ比美乃滋，用手持調理機打至滑順並過濾。
5. 起一個油鍋，油溫約攝氏170度時（觀察氣泡：如果木勺周圍出現穩定的小氣泡，表示油溫大約在攝氏170度左右）放入雞翅炸4～5分鐘，撈出後靜置。
6. 最後將油溫拉高，放入雞翅炸至金黃上色即可。
7. 取出後裝盤，擺上醬料撒上巴西里碎及醃漬洋蔥即可。

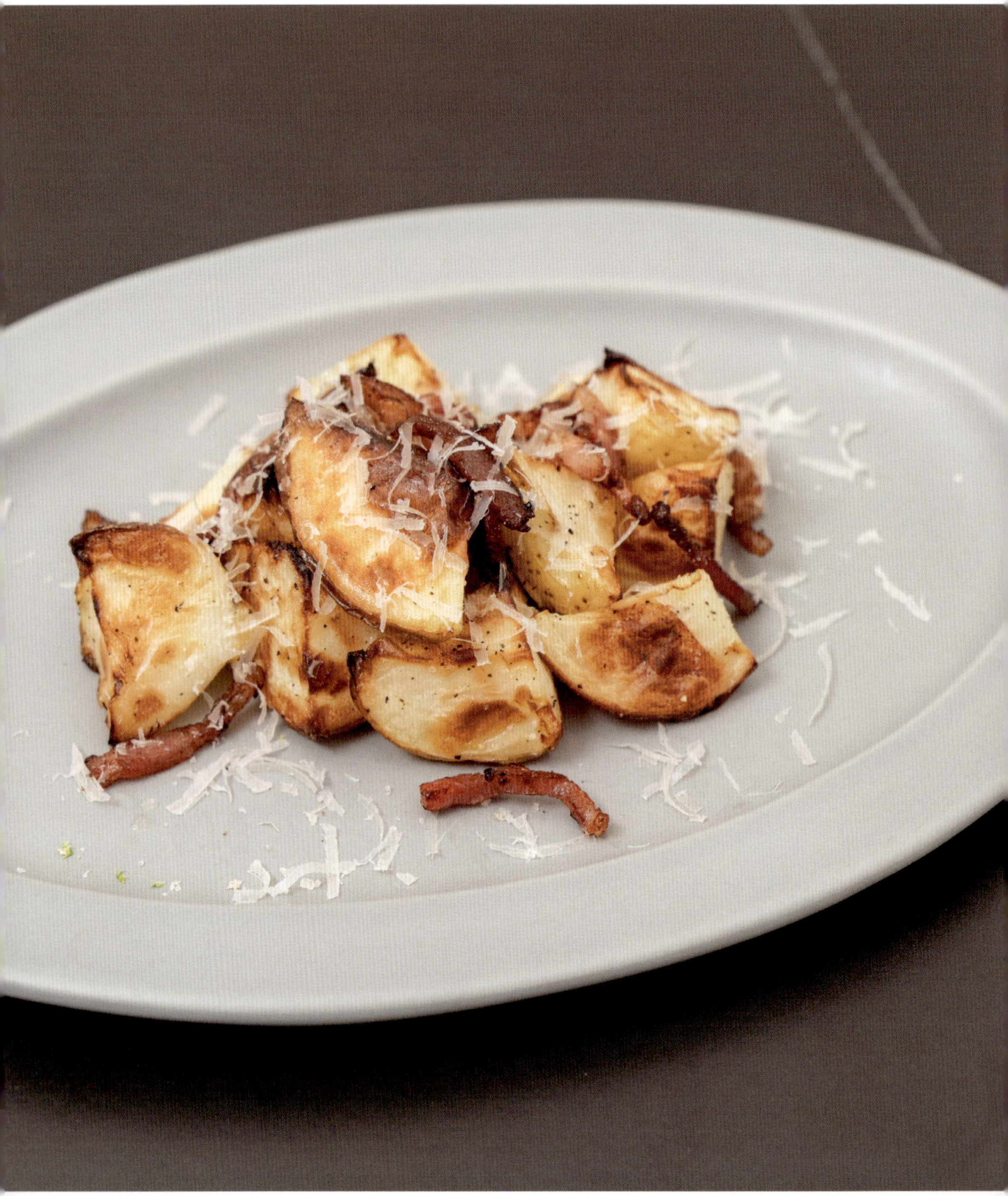

蒜味培根馬鈴薯塊

這裡我會選蠟質的馬鈴薯塊，
相比於粉質馬鈴薯，蠟質的澱粉含量較少，
但有更多的水分和糖分，
使得它們在烹飪後依然保持緊實且富有彈性，
且不易在烹飪過程中變形或變糊，
保持完整的形狀和細膩的口感。

▌材料

1. 蠟質馬鈴薯…1顆（可選用紫皮馬鈴薯或紅皮馬鈴薯）
2. 厚培根…1條（切細條）
3. 鹽…少量
4. 蒜泥…1小匙
5. 黑胡椒…少量
6. 初榨橄欖油…2大匙
7. 義式香料…少許
8. 帕達諾起司…適量

▌作法

1. 冷鍋無油煎厚培根至酥脆。
2. 過濾油脂備用，將培根放置擦手紙上吸油（沒吸油會沒那麼脆喔）。
3. 馬鈴薯洗淨後，不用削皮直接切塊。
4. 取個烤盤放入馬鈴薯，加入初榨橄欖油、蒜泥、義式香料後拌勻，蓋上錫箔紙。
5. 放進烤箱以攝氏180度燜烤20分鐘，最後再打開錫箔紙，以攝氏200度烤10分鐘。
6. 取個容器，放入烤過的馬鈴薯，淋上培根油加入培根碎，最後再用鹽、黑胡椒調味混合均勻，刨上帕達諾起司即可完成！

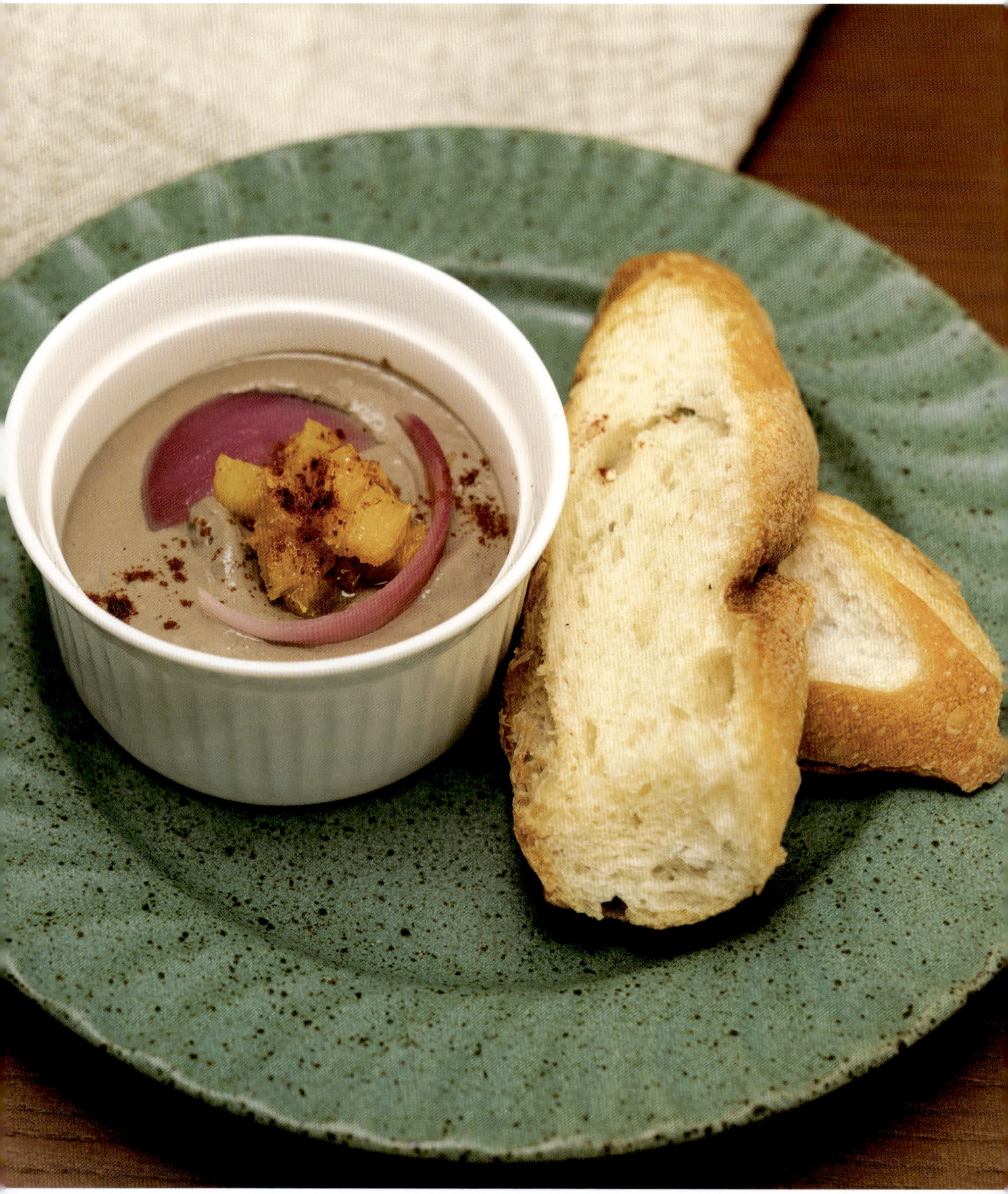

雞肝醬麵包

雞肝本身的風味濃郁，
加入奶油、酒精、各種香料後，
變得更加醇厚！
這是一道不論深夜配紅酒，party 當開胃前菜，都非常適合的料理。

▍材料

1. 法國麵包（切片）…2片
2. 柳橙丁…1顆
3. 肉桂粉…1茶匙
4. 糖…1大匙
5. 白蘭地…1大匙
6. 奶油…50g
7. 進口乾蔥…1顆
8. 雞肝…90g
9. 甜一點的紅酒…40g
10. 鹽…適量
11. 黑胡椒…適量
12. 牛奶…200g
13. 百里香…2根
14. 蒜頭…3-4顆
15. 鮮奶油…80～100g（根據稠度調整）
16. 醋漬洋蔥…少量（作法請見p.161）

▍作法

1. 雞肝用剪刀修剪多餘的筋膜，用牛奶及百里香、蒜頭泡一個晚上。
2. 取一個平底鍋融化奶油後炒香乾蔥，接著放入過濾的雞肝，再熗入紅酒，收汁。
3. 使用調理機將炒過的雞肝、鮮奶油、鹽打至滑順。
4. 重新取一個平底鍋放入砂糖及奶油加熱，焦化後，放入柳橙丁，淋上白蘭地，收乾備用。
5. 取一個小盅裝入雞肝醬再放上柳橙及醋漬洋蔥，搭配烤脆的法國麵包好好享用吧！

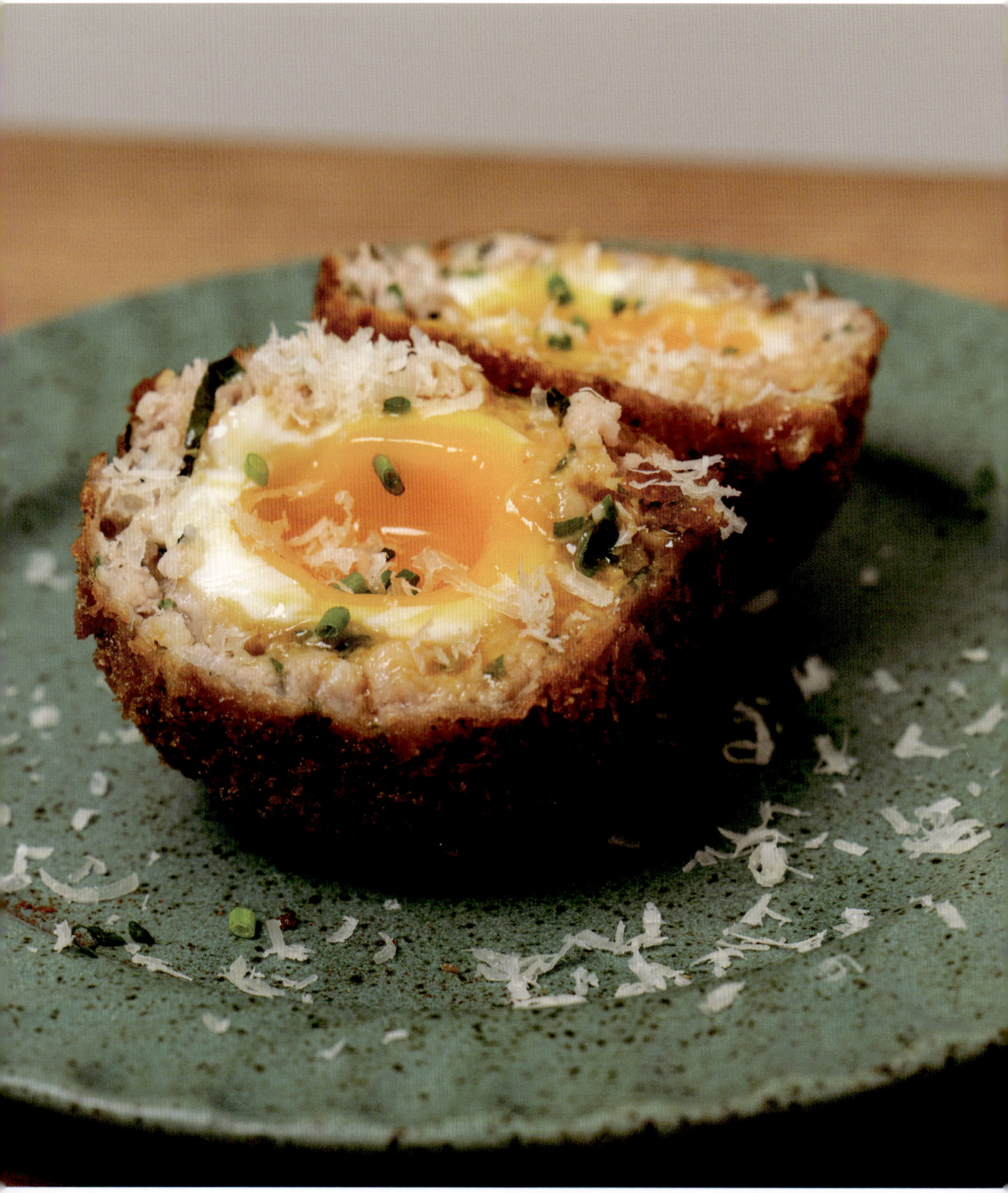

蘇格蘭炸蛋

蘇格蘭炸蛋（Scotch Egg）是一道經典的英國料理，
酥脆的外層、充滿肉汁軟嫩的肉餡和香醇的雞蛋，帶來的口感融合真的太美好了！
豐富的口感和多層次的味覺體驗，
絕對會是餐桌上非常受歡迎的料理。

材料

1. 雞蛋…3 顆（室溫）
2. 豬絞肉…300g
3. 豬背脂…50g
4. 巴西里…適量（切碎）
5. 羅勒…適量（切碎）
6. 百里香…適量（取葉子切碎）
7. 蒜頭…適量（切碎）
8. 煙燻紅椒粉…少許
9. 白胡椒…少許
10. 麵包粉…1碗
11. 全蛋液…1顆
12. 高筋麵粉…2大匙
13. 帕達諾起司…適量
14. 蝦夷蔥…適量

作法

1. 將豬絞肉、豬背脂及材料4～9混合均勻，並揉絞出黏性。
2. 起一鍋水煮滾後，加入一碗冷水，再放入雞蛋。
3. 煮約6分鐘即可取出，要立馬泡冰水喔！才會好脫殼。
4. 調味過的絞肉分3等分，分別包入一顆溏心蛋。
5. 包裹好的雞蛋輕輕滾上麵粉，確保均勻裹上一層。
6. 再裹上一層蛋液最後滾在麵包粉中。
7. 將包裹好的雞蛋小心地放入攝氏170度熱油中油炸約5～6分鐘（可用探針戳進肉球裡，有溫溫的不是冷的就可以了），再拉高油溫，最後炸至表面酥脆。
8. 對半切開，刨上一點帕達諾起司，撒上蝦夷蔥完成！

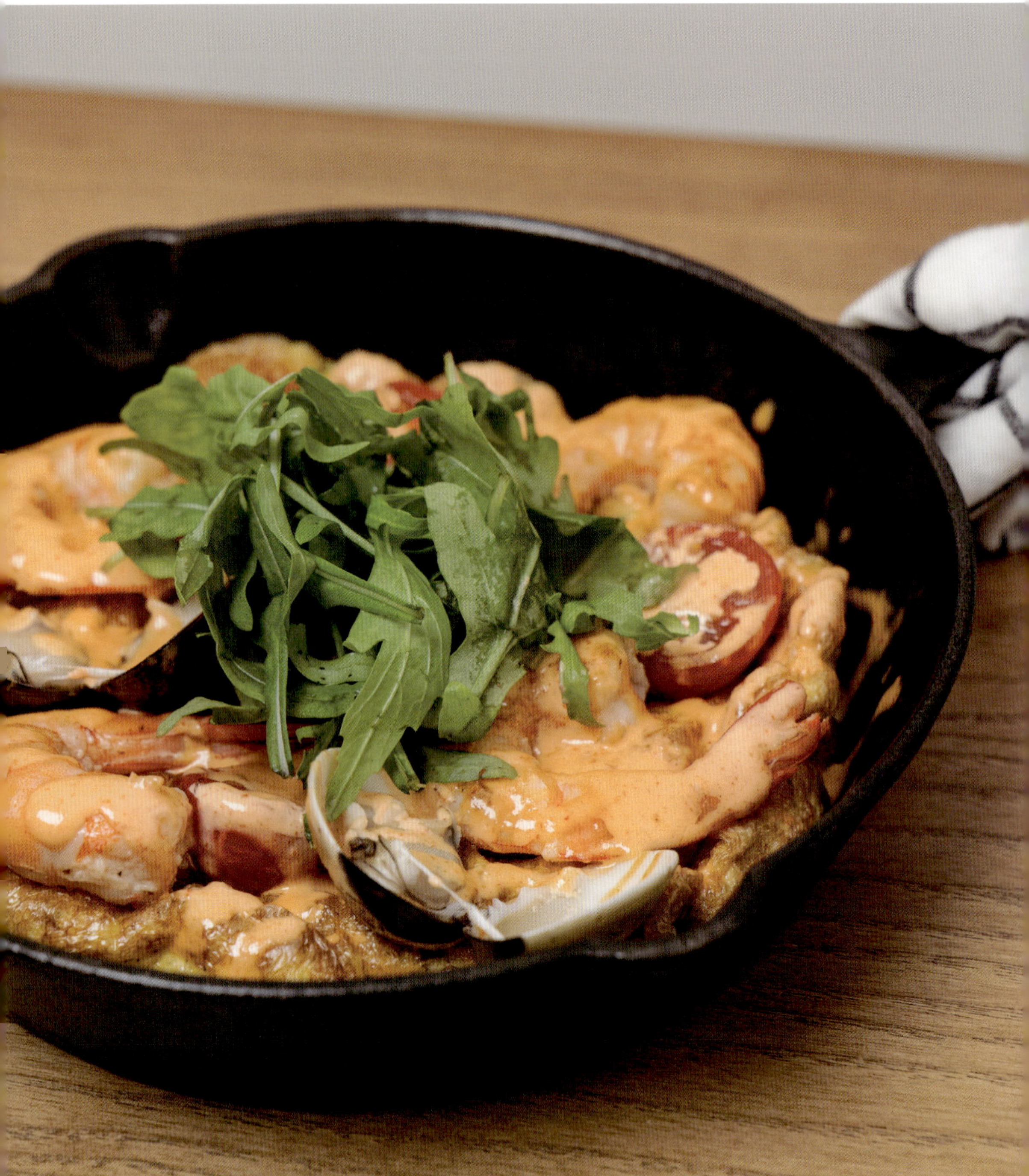

海鮮烘蛋

為了避免海鮮過老,
我們換種料理手法!
這樣蛋夠蓬鬆軟綿,
海鮮也更 Q 彈。

▍材料

1. 雞蛋…6顆
2. 鮮奶油…10g
3. 鹽…1茶匙
4. 白胡椒…適量
5. 昆布湯…20g
6. 美乃滋…2大匙
7. 是拉差醬…1小匙
8. 檸檬汁…1茶匙
9. 鹽…適量
10. 糖…少許
11. 蝦子…4隻
12. 中卷…1/2隻
13. 蛤蜊…4顆
14. 芝麻葉…適量

▍作法

1. 取一小碗,混合材料1〜5,做成蛋液備用。
2. 取一個鑄鐵小鍋加初榨橄欖油放進預熱至攝氏180度的烤箱中。
3. 接著取出,立馬倒入蛋液。
4. 再進入烤箱烘烤7〜8分鐘。
5. 等待同時,海鮮類都擦乾,並均勻撒上鹽。
6. 取一平底鍋,用奶油煎蝦子及中卷,熟了即可取出。
7. 接著放入蛤蜊加1小匙水,蓋上鍋蓋,燜至全開(湯汁可以留著倒進美乃滋裡喔)。
8. 取一小碗,混合材料6〜10及蛤蜊湯做成辣美乃滋。
9. 將烘烤好的蛋取出(要抓一下時間差,因為烘蛋會隨著時間愈來愈塌)。
10. 放上海鮮,淋上辣美乃滋,擺上芝麻葉完成。

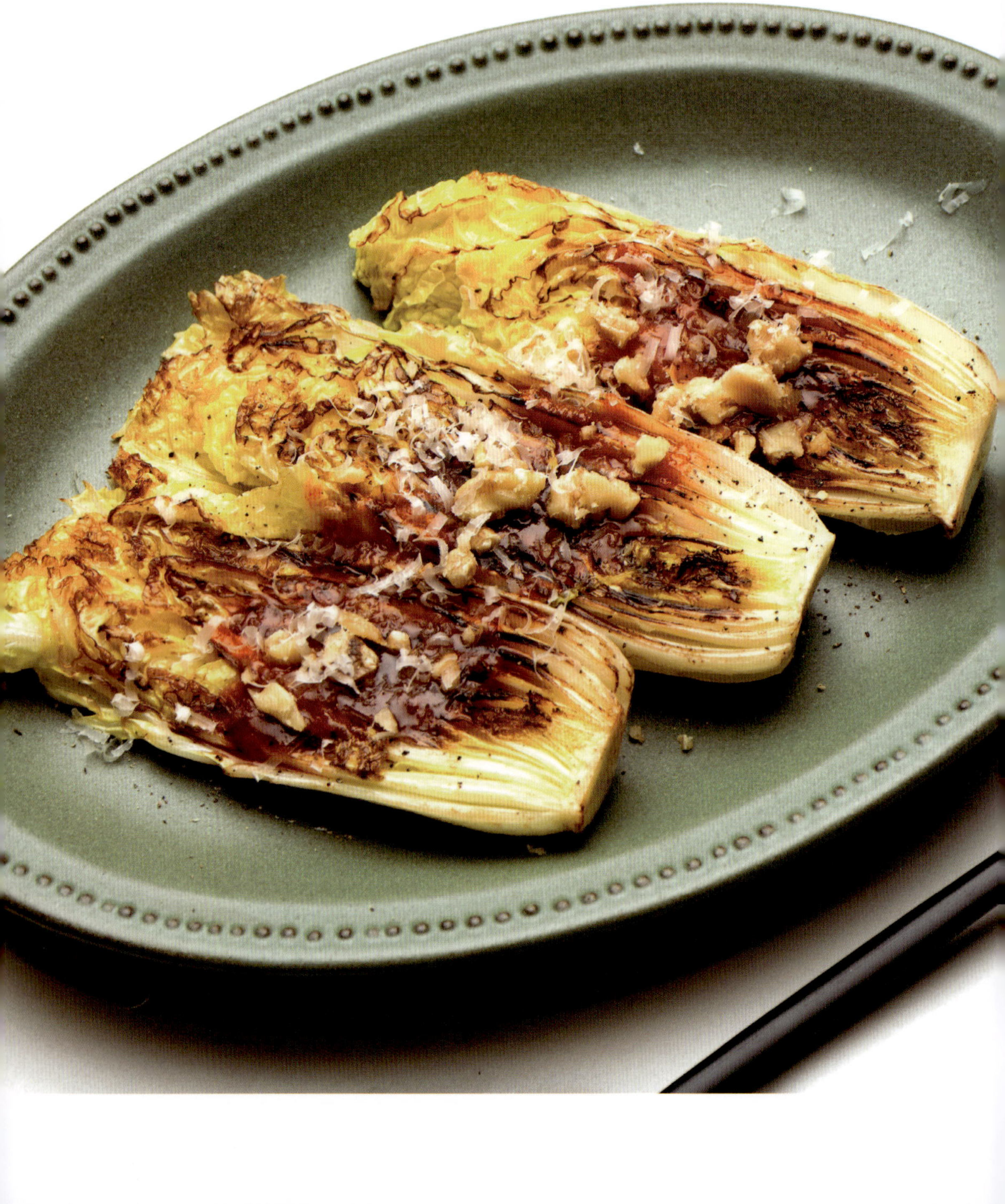

韓式辣醬娃娃菜

娃娃菜我總是習慣用高溫後煎上色,香氣跟甜味都更足!
深夜的話喜歡搭配重口味的醬汁,才能好好喝酒呀!

▌材料

1. 娃娃菜…2顆(對半切)
2. 鹽…少許
3. 奶油… 10g
4. 韓式辣醬… 1小匙
5. 糖…1匙
6. 蒜泥…1顆
7. 香油… 1小匙
8. 醬油… 1小匙
9. 水… 2大匙
10. 堅果碎… 適量

▌作法

1. 取一小碗,將食材4~9混合均勻。
2. 取一平底鍋,放如奶油融化後,放入娃娃菜煎至表面上色,並撒點鹽巴。
3. 上色後取出,同鍋放入調好的醬汁收濃稠。
4. 最後擺盤,淋上醬汁再撒上堅果即可。

後記

postscript

雖然這本書只講了 60 道菜，感覺意猶未盡，但它們濃縮了大部分料理的重要原則，只要把握這些原理，你也能從料理小白變成高級玩家。

最重要的是，希望讓你在煮菜過程感到有趣，煮的人開心，料理才會好吃，吃的人才會幸福，希望大家都能邊煮邊玩 chill 嗨嗨！

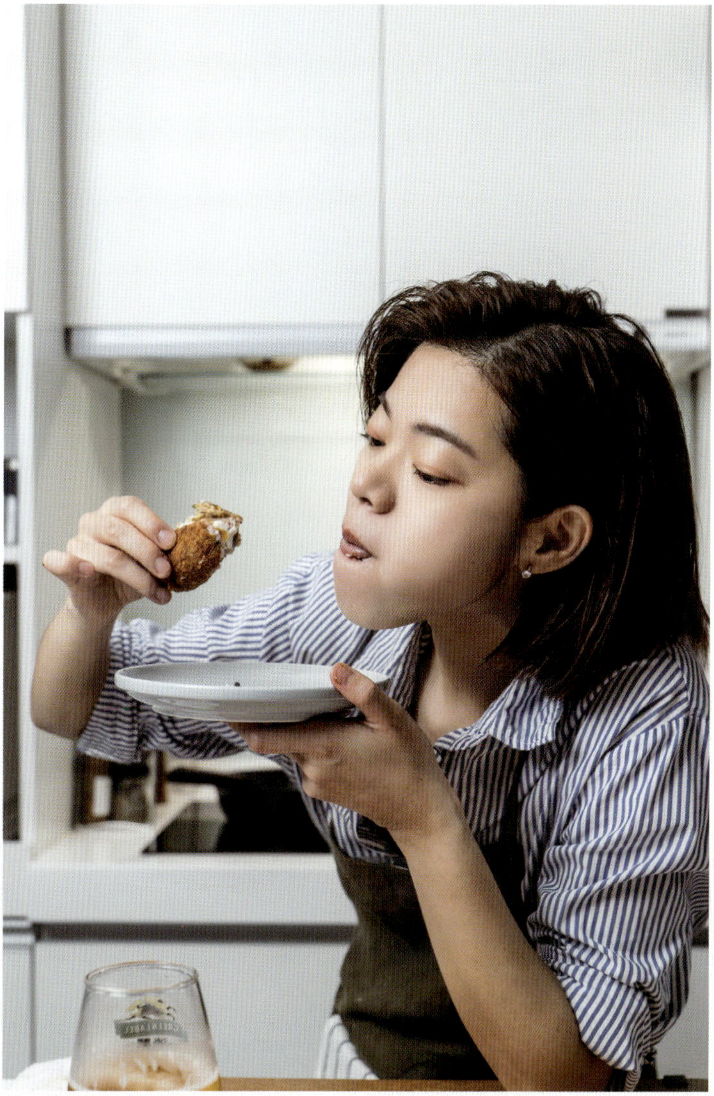

LocknLock 樂扣樂扣

新美學
可微波輕漾粉彩
不鏽鋼保鮮盒

樂扣樂扣官網

好萬用
冷凍/冷藏/微波/電鍋/烤箱一盒多用！

好時尚
首創霧感磨砂塗層
指紋不殘留

好密封
四面環扣設計
方便隨身攜帶不灑湯汁

好攜帶
超輕量！
重量僅玻璃保鮮盒的1/3

好收納
同款尺寸可堆疊！

即日起至2024/12/31止，憑本頁活動截角
即可至全台樂扣樂扣非outlet門市享滿千折百優惠乙次
或至官網輸入折扣碼 AMBER100，享滿千折百優惠乙次

**樂扣樂扣
滿千現折一百**

Ken do_

手工香料系列

Ken do/烤私麥　　@ken_do.create

SPICE BLEND

\用香料環遊世界 體驗各國風味/

輕鬆料理 x 快速上桌 x 美味呈現

煎 / 烤 / 炒 / 燉 / 撒　　適合各種烹飪方式

訂購網址

獨立莊園・絕佳油質
里歐哈娜
RIOJANA
ALMAZARA RIOJANA

香檸國際有限公司 Feria Taiwan Co., Ltd.

輸入就享優惠 **ER68T**

優惠依官網公告為主

歐盟雙認證標章 特級初榨橄欖油

La Rioja，來自西班牙傳奇產區。

取得歐盟 DOP 產區域名保護制度認證，由產區原瓶原裝進口至台灣，採用Arbequina 單一橄欖品種；油品從果樹種植、橄欖收成、冷萃榨油到注油裝瓶等工序皆須在法定產區的認證莊園完成，且能夠充份彰顯及保有 La Rioja 產區優良傳統的高品質橄欖油才得以掛上標章與之共享榮耀。

bon matin 153

安柏帥煮廚房

作　　　者	Toamberli安柏家裡燉 李安柏
社　　　長	張瑩瑩
總　編　輯	蔡麗真
攝　　　影	DRACO ZHU/ 胡淳翔
企 劃 協 力	李盈娟
美 術 編 輯	林佩樺
封 面 設 計	萬勝安
校　　　對	林昌榮

責 任 編 輯	莊麗娜
行銷企畫經理	林麗紅
行 銷 企 畫	李映柔
出　　　版	野人文化股份有限公司
發　　　行	遠足文化事業股份有限公司（讀書共和國出版集團）
	地址：231新北市新店區民權路108-2號9樓
	電話：（02）2218-1417
	傳真：（02）8667-1065
	電子信箱：service@bookrep.com.tw
	網址：http://www.bookrep.com.tw
	郵撥帳號：19504465遠足文化事業股份有限公司
	客服專線：0800-221-029

法律顧問	華洋法律事務所　蘇文生律師
印　　製	凱林彩印股份有限公司
初　　版	2024年08月07日
初版2刷	2024年08月15日

有著作權　侵害必究

歡迎團體訂購，另有優惠，請洽業務部
（02）22181417分機1124

特 別 聲 明：有關本書的言論內容，不代表本公司/出版集團之立場與意見，文責由作者自行承擔。

國家圖書館出版品預行編目（CIP）資料

安柏帥煮廚房/Toamberli安柏家裡燉 李安柏 著. -- 初版. -- 新北市：野人文化股份有限公司出版：遠足文化事業股份有限公司發行，2024.08　176面；17×23公分　ISBN 978-626-7428-87-0（平裝）　ISBN 978-626-7428-88-7（平裝作者親簽版）　1.CST: 食譜
427.1
113010392

野人文化
讀者回函卡

感謝您購買《安柏帥煮廚房》

姓　名　　　　　　　　　□女　□男　年齡

地　址

電　話　　　　　　　　　手機

Email

學　歷　□國中(含以下)　□高中職　　□大專　　　□研究所以上
職　業　□生產/製造　□金融/商業　□傳播/廣告　□軍警/公務員
　　　　□教育/文化　□旅遊/運輸　□醫療/保健　□仲介/服務
　　　　□學生　　　□自由/家管　□其他

◆你從何處知道此書？
　□書店　□書訊　□書評　□報紙　□廣播　□電視　□網路
　□廣告DM　□親友介紹　□其他

◆您在哪裡買到本書？
　□誠品書店　□誠品網路書店　□金石堂書店　□金石堂網路書店
　□博客來網路書店　□其他＿＿＿＿＿＿＿＿＿＿＿

◆你的閱讀習慣：
　□親子教養　□文學　□翻譯小說　□日文小說　□華文小說　□藝術設計
　□人文社科　□自然科學　□商業理財　□宗教哲學　□心理勵志
　□休閒生活（旅遊、瘦身、美容、園藝等）　□手工藝／DIY　□飲食／食譜
　□健康養生　□兩性　□圖文書／漫畫　□其他

◆你對本書的評價：（請填代號，1. 非常滿意　2. 滿意　3. 尚可　4. 待改進）
　書名＿＿＿封面設計＿＿＿＿版面編排＿＿＿＿印刷＿＿＿＿內容＿＿＿＿
　整體評價＿＿＿＿

◆希望我們為您增加什麼樣的內容：

◆你對本書的建議：

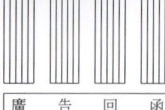

廣 告 回 函
板橋郵政管理局登記證
板橋廣字第143號
郵資已付　免貼郵票

23141
新北市新店區民權路108-2號9樓
野人文化股份有限公司 收

野人

請沿線撕下對折寄回

野人

書名：安柏帥煮廚房
書號：bon matin 153